普通高等教育"三海一核"

建筑环境与能源应用工程实验技术

主　编　杨春英

副主编　董　惠　贺　征　顾　璇

科学出版社

北京

内 容 简 介

本书主要介绍建筑环境与能源应用工程专业相关课程中的实验技术原理和方法。本书第1~4章为实验基本理论，主要介绍实验设计、实验数据分析与处理，以及热工参数测试常用仪表，以培养学生进行专业实验的基本技能，树立科学实验的优良作风。本书第5~10章为专业基础课程实验，第11~14章为专业课程实验，这两部分较详细地介绍了建筑环境与能源应用工程专业中的专业基础课程和专业课程中的实验项目，以培养学生运用所学知识分析和解决工程实际问题的能力及创新能力。

本书可作为高等院校建筑环境与能源应用工程专业以及其他相关专业的实验教学用书，也可供科研院所、设计院管理人员参考。各高校也可根据实验情况选用其中的实验项目进行教学与实验。

图书在版编目（CIP）数据

建筑环境与能源应用工程实验技术 / 杨春英主编. — 北京：科学出版社，2019.3

普通高等教育"三海一核"系列规划教材

ISBN 978-7-03-060890-1

Ⅰ．①建…　Ⅱ．①杨…　Ⅲ．①建筑工程－环境管理－高等学校－教材　Ⅳ．①TU-023

中国版本图书馆 CIP 数据核字（2019）第 050335 号

责任编辑：任　俊　陈　琼 / 责任校对：郭瑞芝
责任印制：张　伟 / 封面设计：迷底书装

科 学 出 版 社 出版
北京东黄城根北街 16 号
邮政编码：100717
http://www.sciencep.com

北京盛通商印快线网络科技有限公司 印刷
科学出版社发行　各地新华书店经销
*
2019 年 3 月第 一 版　开本：787×1092　1/16
2019 年 11 月第二次印刷　印张：12 1/2
字数：312 000

定价：**49.80 元**
（如有印装质量问题，我社负责调换）

前　言

  建筑环境与能源应用工程(简称建环)专业主要面向国家节能减排的重大需求,培养学生具有良好的人文素养、职业道德和社会责任感,掌握建筑环境与能源应用工程领域相关的基础理论和专业技术,成为在建筑环境与能源应用工程及其他领域从事相关工作的一流工程师。随着科学技术的发展,学生在掌握专业理论知识的同时,需具有较高的实践能力,实验正是培养学生具有这一能力的实践环节。通过实验教学,可以培养学生理论结合实践的能力、用科学的研究方法思考问题的能力。同时在实验过程中可以加强学生的实验动手能力,提高分析问题、解决问题的能力,进而提高学生的实际工作能力。因此,编者在参考全国高等学校建筑环境与能源应用工程学科专业指导委员会的指导性意见的同时,总结多年实验教学经验、吸收相关课程的教学和科研成果,编写了本书。

  本书是建筑环境与能源应用工程专业的专业综合实验教材,内容涉及专业基础实验、专业实验及实验基础知识。本书实用性强,对提高学生的动手能力、科学创新素质十分有益。为方便学生自学,本书在叙述上力求通俗易懂、先易后难、突出重点,在介绍概念原理的同时尽量给出相关基础知识。

  在本书编写过程中得到了很多兄弟院校老师的帮助,他们提出了大量宝贵的意见,在此表示衷心感谢。

  本书的涉及面较广,因编者水平有限,书中难免存在不妥和疏漏之处,敬请读者不吝赐教,予以指正。

编　者

2018 年 12 月

目　　录

第1章　绪　　论

1.1　建筑环境与能源应用工程专业介绍

目前国内近 140 所高校在本科设有建筑环境与能源应用工程(简称建环)专业,各校各地办学层次不一。在全国高等学校建筑环境与能源应用工程学科专业指导委员会制定的建环专业框架内,学校开设了不同的专业方向,主要专业方向有暖通空调方向、城市燃气供应方向、建筑给排水方向、建筑电气及智能化方向。由于学习时间有限,一名学生只能选修 1 个或 2 个专业方向,其他方向可基本了解。

建环专业的宗旨是利用能源来创造人工环境,以满足生活、生产的需要。在常规能源日趋紧张、环境污染日趋严重的现实情况下,"消耗最少的能源,创造最适宜的环境"是建环专业追求的目标。

21 世纪建环专业发展的特点是:在专业教育及工程应用领域,确立"以人为本"的建筑环境思想和人与自然和谐相处的理念,更加关注建筑节能和设备节能,更加关注建筑功能的扩展,使建筑和建筑环境成为提高人类生产效率与生活的载体。

国外建环专业高等教育的发展有近百年的历史。俄罗斯的建环专业成立于 1928 年,成立最早,本科教育学制一般为 5 年。目前莫斯科建筑大学的建环专业具有很强的实力。美国没有独立的建环本科专业,专业的内容大多分布在建筑系或机械系,学习内容着重设备技术。学生毕业后既可在暖通行业就业,又可进一步深造。美国建环专业所涉及的内容主要是设备,学生毕业后对机电一体化和新产品开发具有较深的理解,因此美国的建筑设备制造业居于世界前列。开设暖通类专业的知名学校有卡耐基梅隆大学、麻省理工学院、斯坦福大学、佐治亚理工学院、加利福尼亚大学伯克利分校等。

英国、瑞典、丹麦等西欧及北欧国家设有建环专业,其特点是学生大部分时间学习专业课和系统相关的课程,建筑设备相关内容不多。知名大学有诺丁汉大学、雷丁大学、丹麦技术大学等。

日本有 40 多所高校设有建环专业。建环专业作为 3 个研究方向(建筑学、建筑结构、建筑设备)之一设在大学的建筑系,因此,日本建环专业与建筑结合紧密,其建筑设备系统设计严谨完善。知名的大学有东京大学、京都大学、名古屋大学、(日本)东北大学、鹿儿岛大学等。

我国暖通空调设备的生产及其系统设计、安装、维护管理已经形成一个庞大的产业。2006年,我国散热器的产值超过 130 亿元;活塞式制冷机、空调末端等产品产量位居世界前列;中央空调市场需求超过 200 亿元,到 2010 年达 350 亿~400 亿元;家用空调、冰箱等产品产量位居世界第一。

建环专业毕业的学生,可就业的单位有设计研究院、科研院所与高等院校;各级政府建设、规划、管理、消防、质监、环境评价部门;燃气热力公司、工程公司、设备生产企业、房地产开发公司、建设监理公司、城市物业管理部门等。建环专业的学生主要从事工程设计、科学研究、产品开发、规划管理、工程施工、生产运行等工作。同时，该专业的学生可以报考供热通风与空调工程、低温制冷、环境科学、环境工程、城市环境与生态工程、建筑管理、热能与动力等方向的研究生。建环专业是一个新兴行业，具有很好的发展前景。

1.2 实验教学的意义、目的及实验的基本程序

1.2.1 实验教学的意义

建环专业主要解决人类自身居住生活和工作的环境问题，同时要解决在生产过程和科学实验过程中所要求的环境控制问题。可以说建环专业是建立在实验基础上的学科，是依据热物理与流体力学，综合建筑、机电等工程学科的发展而形成的独立学科分支，专门研究各类建筑内工作、居住、生产和科学实验所要求的空气环境。

建环专业实验是建环专业的重要组成部分，是科研和工程技术人员解决建筑室内环境各种问题的一个重要手段。通过建环专业实验研究，可以解决以下问题。

(1) 掌握热工学与流体测量的基本原理和实验方法，学会使用热工及流体测量相关仪器设备。

(2) 掌握建环专业中的供热、通风、空调、制冷等各项实验及相关测试技术，并通过实验掌握相关状态参数的测定。

(3) 对建筑室内环境进行综合评价，对室内空气品质作出分析与评价。

(4) 掌握暖通工程系统的调试与实验的基本方法，并对设备的性能参数进行评价。

1.2.2 实验教学的目的

在建环专业的教学中，实验教学是学习专业课程知识必需的重要基础。实验教学使学生能够用理论联系实际，进而培养学生观察问题、分析问题和解决问题的能力。对于建环专业来讲，实验教学的目的如下。

(1) 加深学生对基本概念、基本原理的理解，从基本原理与动手实践的角度切实训练学生进行实验的基本能力，巩固专业知识。

(2) 通过实验使学生从实验设计、仪器选型、实验操作、数据提取与分析处理等各个环节训练出真正的实验技能，完成合格的实验报告写作，并具有应用研究和开发的初步能力，从而提升学生的科学创新能力。

1.2.3 实验的基本程序

实验教学的基础就是实验，为了搞好实验教学、发挥实验教学在课程中的作用，需要进行良好的实验设计。为了更好地实现教学目标，使学生学好建环专业课程，良好的实验设计工作包含以下过程。

1. 提出问题

学生根据已掌握的专业知识，提出拟验证的基本概念或探索研究的问题以确定实验目标。

2. 设计实验方案

确定实验目标后，根据实验装置、人员、测试仪器和技术能力等方面的具体情况进行实验方案的设计。实验方案的设计包括实验目的、实验原理、实验装置、实验步骤、测试项目和测试方法等内容。

3. 实验研究

实验研究包含以下两个方面。
(1)根据设计好的实验方案进行实验测试。
(2)实验数据处理与分析。实验数据的可靠性和数据整理分析是实验工作的重要环节，实验人员必须经常用已掌握的基本概念分析实验数据。通过数据分析加深对基本概念的理解，并发现实验设备、操作运行及测试方面的问题，以便及时解决，使实验工作得以顺利进行。

4. 实验总结

学生对实验数据进行系统分析，对实验结果进行评价。实验总结的内容包括以下五个方面。
(1)通过实验掌握了哪些专业知识。
(2)通过实验是否解决了最初提出的问题。
(3)通过实验是否证明了相关文献中的某些论点。
(4)取得的实验结果是否可用于改进已有的工艺设备和操作运行条件或设计新的处理设备。
(5)当实验结果不合理时，应分析原因并提出新的实验方案。

1.3 实验要求及实验报告的撰写

1.3.1 实验要求

为了保证实验教学的质量，使学生能圆满完成实验内容并撰写出合格的实验报告，需要对实验的各个环节提出以下要求和说明。

1. 课前预习

课前预习很重要，要完成每个实验，要求学生在课前必须认真阅读实验教材，清楚地了解实验目的、实验要求、实验原理和实验内容，能够写出简明的预习报告。预习报告主要包括以下内容。
(1)实验目的和主要内容。
(2)实验原理和装置简图。
(3)需要测试项目的测试方法。
(4)实验注意事项。
(5)设计实验记录表格。

2. 实验设计

实验设计是实验研究的重要环节，是获得满足要求的实验结果的基本保障。在实验教学中，经常将实验设计的环节放在部分实验项目完成以后进行，以达到使学生掌握实验设计方法的目的。

3. 实验操作

学生进入实验室后，在进行实验前应仔细检查相关实验设备、仪器仪表是否完整齐全。在实验时一定要严格按照操作规程认真操作，仔细观察实验现象，精心测定实验数据，并详细填写实验记录。在实验结束后，要将实验设备和仪器仪表恢复原状，将实验台周围环境整理干净。每个学生都应该培养自己严谨的科学态度，养成良好的工作学习习惯，掌握并熟悉下列操作要领。

(1) 实验设备启动前的检查。主要检查实验台设备和管道上各个阀门的开、关状态是否符合流程要求；检查各个仪器仪表是否能正常使用；对于泵、风机等转动设备，启动前先停车检查该设备能否正常运转。

(2) 实验操作时应高度集中精力，认真操作和记录实验数据，并观察实验现象，发现问题应及时处理或报告实验教师。

(3) 实验项目完成后，要根据设备的停机顺序进行操作，实验操作结束后应先将气源、水源、热源、测试仪表的连通阀门以及电源关闭，然后切断实验台设备电源，调整实验台设备阀门到初始状态。

(4) 实验测定、记录和数据整理。凡是影响实验结果或整理数据时需要的参数都应测取，包括大气条件、设备有关尺寸、物理性质及操作数据。一般可根据其他参数导出或可从手册中查出的参数不必测量和记录。

在实验测定时把测量的相关参数数据填写到在预习报告中设计的实验表格中，在表格中应记下各个参数的单位；在记录实验数据时一定要待实验现象稳定后方可读取，如果条件改变，也要稳定一定时间后读取实验数据，以排除由仪表滞后现象导致读数不准的情况；记录实验数据时要反映仪表的精度；实验中如果出现不正常的情况或发现数据有明显误差，应在备注栏中加以注明。

4. 实验数据处理

通过实验可以取得大量的实验数据，并不是所有的实验数据都是真实可靠的，必须对数据进行科学的整理分析，去伪存真、去粗取精以后得到正确可靠的结论。在整理实验数据时应注意以下问题。

(1) 原始记录数据只可进行整理，绝不可进行修改。经判断确是粗大误差所造成的不正确数据可以注明后不计入结果中。

(2) 同一实验点的有波动的数据可先取其平均值，再进行整理。

(3) 采用列表法整理数据清晰明了，便于比较。在表格之后应附计算示例，以说明各项数据之间的关系。

(4) 实验结果用列表、绘制曲线(图形)或列方程式的方式表达。

5. 撰写实验报告

撰写实验报告是实验教学环节必不可少的内容,实验报告的撰写可为学生以后写科学论文或科研报告打好基础。实验报告的撰写讲究科学性、准确性、求实性。学生在撰写实验报告时切记不要出现以下问题。

(1)观察不仔细,没有如实记录实验情况。在实验时,由于观察不细致、不认真,没有及时记录,不能准确地写出实验所发生的各种现象,不能恰如其分、实事求是地分析各种现象发生的原因,甚至弄虚作假、修改实验数据等,这都是不允许的。

(2)实验方法与实验步骤说明不准确或层次不清晰。文字说明未按原理、方法、操作步骤顺序分条列出,结果出现层次不清晰、凌乱等问题。

(3)实验报告中出现的物理量、符号、公式没有使用统一规定的名称、符号和格式。

(4)使用不标准的词语来说明专业概念。

1.3.2 实验报告的撰写

实验报告的撰写是培养和锻炼学生综合与总结能力的重要环节,是为建环专业学生本科生阶段课程设计、毕业设计(论文)的撰写打下的重要基础,对学生以后参加工作和科学研究也是大有益处的。

实验操作是教学过程中理论联系实际的重要环节,而实验报告的撰写又是知识系统化的吸收和升华过程,因此,实验报告应该体现完整性、规范性、正确性、有效性。一份完整的实验报告应该包含三部分内容:预习报告、实验数据和实验报告。预习报告需要书写的内容在前面已进行论述,实验数据是实验现场所测得的数据,不允许进行改动,实验报告是实验结束后对整个实验过程的总结。

1. 实验报告的内容

(1)实验目的。实验目的包括本次实验所涉及并要求掌握的知识点。

(2)实验内容与实验步骤。实验报告中包含实验内容、原理分析及具体的实验步骤。实验内容根据实验指导书的规定撰写;有的实验原理是文字的叙述,有的实验原理则需要给出原理简图及公式推导;实验步骤则是做实验的具体过程,比预习报告中的实验步骤要详尽得多。

(3)实验环境。实验环境包括实验所使用的器件、仪器、设备名称及规格,需要画出设备简图。

(4)实验过程与分析。详细记录在实验过程中发生的故障和问题,并进行故障分析,说明故障排除的过程及方法。根据实验数据记录并整理相应数据,可以用表格表示,必要时绘制曲线图、波形图等。

(5)实验结果总结。对实验结果进行分析,完成思考题目,总结实验的心得体会,并提出对实验的改进意见。

2. 实验报告的要求

(1)实验报告和预习报告不同,它是在预习报告的基础上继续补充相关内容就可以完成的，不进行重复劳动，因此需要首先把预习报告写得规范、全面。

(2)根据实验要求，在实验时间内到实验室进行实验时，一边测量，一边记录实验数据。但是为了使预习报告准确、美观，应该事先做好数据表格，把实验数据先记录在数据表格上，实验数据单独记录，不要记录到预习报告中。

(3)在实验中，如果实验测量数据与事先的计算数值不符，甚至相差过大，应该找出原因，是原来的计算错误，还是测量中有问题，不能不了了之，否则只能算是未完成本次实验。

(4)实验报告不是简单的实验数据记录纸，应该有实验情况分析，要把通过实验所测量的数据与计算值加以比较，如果误差很小(一般 5%以下)就可以认为是基本吻合的。如果误差较大就应该有误差分析，找出原因。

(5)在实验报告中应该有每一项的实验结论，要通过具体实验内容和具体实验数据分析得出结论(不能笼统地说验证了某定理)。

(6)必要时需要绘制曲线，曲线应该刻度、单位标注齐全，曲线比例合适、美观，并针对曲线进行相应的说明和分析。

(7)在实验报告的最后，要完成实验指导书中要求解答的思考题。

(8)最终的实验报告要包括预习报告、实验数据和实验报告，学生把预习报告交给指导教师签字方可进行实验，学生实验完成后由指导教师在实验数据上签字方可离开实验室，否则实验报告无效。

第2章 实验设计

2.1 实验研究方法

实验研究方法是由研究者根据研究问题的本质内容设计实验,控制某些环境因素的变化,使得实验环境比现实相对简单,通过对可重复的实验现象进行观察,从中发现规律的研究方法。实验研究方法首先广泛应用于物理、化学、生物等自然科学研究中。

实验研究方法首先是在自然科学中得到运用并成为其主要研究方法的。正是由于实验研究方法的采用,自然科学建立了理论与经验事实的联系,推动了自然科学的飞速发展。近几十年来,社会科学的研究人员越来越认识到实验研究方法对于学科发展的重要性,开始努力将实验研究方法运用于各自的学科。

实验研究方法是一种受控的研究方法,通过一个或多个变量的变化来评估其对一个或多个变量产生的效应。实验的主要目的是建立变量间的因果关系,一般的做法是研究者预先提出一种因果关系的尝试性假设,然后通过实验操作来进行检验。

从研究过程的大体步骤来看,实验研究方法通常可分以下六个步骤。

(1)在对现实经济生活中各种现象进行观察思考并对有关文献进行回顾分析的基础上,确定研究问题。

(2)根据理论,进行合乎逻辑的推测,提出假设命题。

(3)设计研究程序和方法。

(4)搜集有关数据资料。

(5)运用这些数据资料对前面提出的假设命题进行检验。

(6)解释数据分析的结果,提出研究结论对现实或理论的意义以及可以进一步研究或改进的余地。

在实验研究中特别引人注目的是步骤(3)"设计研究程序和方法",它是实验研究的核心。实验研究用于检验假设的数据是对实验现象观察得到的,因此实验的设计如何直接关系研究成败。仔细观察已有的实验研究成果可以发现,在以上步骤的具体实施上,实验研究方法与经验研究方法还是有所不同的,这一点在步骤(2)中就已经显示出来。将将假设命题具体化为可以检验的模型,与实验设计有直接关系,研究者在对研究结果做出理论预期(即假设)时,必须考虑实验的可实施性;在建立可证伪的检验模型时,必须考虑变量的值是否可以通过实验取得。实验研究的步骤(4)是搜集有关数据资料,在实验研究中实施实验并记录实验情况。实验研究中用于假设检验的数据来自研究者设计的实验,而经验研究应用的数据来自经验,如统计资料或报刊(即现实世界中存在的数据),这个差别在方法定义时就已经明确。

2.2 实验设计简介

实验设计最早起源于对农业及生物遗传研究的应用统计方法,故一般称为生物统计学,它是应用数理统计学原理来研究生物界数量现象的科学方法，是一门将数理统计学与生物科学相结合的应用边缘学科。20 世纪以来，由于生物统计学的发展，生物科学和农业科学逐渐成为可以用数学方法来处理与研究的科学。实验统计学作为一门系统的学科起源于 1925 年英国统计学家 R.A.Fisher 的著作 *Statistical Methods for Research Workers*，该书形成了实验统计学较为完整的体系。随着农业和生物学研究的发展，生物统计、实验设计和抽样理论得到了快速的发展，并随着工业研究和数理科学研究的发展而进一步推动了应用数理统计学的发展，反过来又推动了实验统计学的不断发展。

实验设计和实验结果的统计分析是密切相关的，只有按照科学的统计设计方法得到的实验数据才能进行科学的统计分析，得到客观有效的分析结论。实验设计是完成实验过程的依据，是进行实验数据处理的前提，也是提高科研成果质量的重要保证。

任何一项科研成果能否取得，在很大程度上取决于该科研项目实验方法是否准确，而实验方法的准确与否又取决于实验设计是否合理。实验设计合理与否，以及实验结构能否表达实验内容的准确性，又涉及实验数据的处理、分析。总之，如果实验设计不完善，就必然会降低研究成果的价值。

实验设计方法是一项通用技术，是现代科技和工程技术人员必须掌握的技术方法。

2.2.1　实验设计的意义

实验设计需要对实验方案进行优选，选出最适宜的方案以降低实验的成本和误差，从而对实验结果进行科学的分析，进一步减少实验工作量。因此在实验设计中，实验目的要明确，要确定需要测定的参数及需要改变的条件，还要选择好的实验方法、满足精度要求的实验测量设备和合理的实验方案。当然，最后要有恰当的数据处理。

实验设计是实验研究过程的一个重要环节。通过实验设计，可以在实验安排上以最少的步骤达到最满意的结果。通过实验设计，允许在同一时间内存在多个变量，根据实验表格的设计，依据统计学原理，能以较少的实验次数获得最优的结果。

2.2.2　实验设计的基本概念

在实验设计中，有几个基本概念必须要掌握，分别如下。

1.　实验指标

用来衡量实验效果所采用的标准称为实验指标。例如，在做散热器性能测定实验时，需要确定散热器的传热系数 K，而散热器传热系数 K 表征的是散热器传热的强弱，所以 K 是散热器性能测定实验的实验指标。

2.　实验因素

在实验研究中，对实验指标有影响的条件通常称为实验因素。如果在实验中可以人为地调节和控制，那么这类因素称为可控因素；如果由于技术、设备和自然条件的限制不能人为控制，则称为不可控因素。在实验中，影响测量过程的因素通常有很多个。如果固定在某一状态上，只考虑一个因素的实验称为单因素实验；考虑两个因素的实验称为双因素实验；考虑多个因素的实验称为多因素实验。

3. 因素水平

因素变化的各种状态称为因素水平。某个因素在实验中需要考虑它的几种状态，就称它是几水平的因素。因素在实验中所处状态的变化可能引起实验指标的变化。例如，在离心泵性能测定实验中，需要考虑两个因素，也就是流量和扬程。在测量中需要测定不同流量下离心泵的扬程，如果流量选择阀门的开度为 20%、40%、60%、80% 和 100%，则 20%、40%、60%、80% 和 100% 就是流量因素的五个水平。

2.2.3 实验设计的步骤

实验设计包含以下四个步骤。

1. 明确实验目的、确定实验指标

在实验中，需要测定的参数一般不止一个，在实验前就应首先确定实验的目的究竟是解决几个问题并确定相应的实验指标。例如，在做空调系统表冷器性能测定实验时，影响表冷器换热效果的因素有空气的质量流速、表冷器的形式、表冷器的结构以及空气温度等。对于一定的空气处理过程来讲，影响表冷器换热效果的因素可以归纳为空气的质量流速、表冷器管排数、空气的初参数。

2. 挑选因素

明确实验目的和确定实验指标后，需要分析影响实验指标的因素，从所有的影响因素中，排除影响不大的因素或者已经掌握的因素，可以让它们固定在某一状态上，挑选对实验指标可能有较大影响的因素来考虑。

3. 选定实验设计方法

因素选定后，可根据研究对象的具体情况决定选择哪一种实验设计方法。对单因素问题，应选用单因素实验设计法；对三个以上因素问题，可以用正交实验设计法；若要进行模型筛选或确定已知模型的参数估计，可采用序贯实验设计。

4. 进行实验安排

上述问题解决以后，便可以进行实验的安排，开展具体的实验工作。

2.3 单因素实验设计

单因素实验设计是指在实验中只有一个研究因素，即研究者只分析一个因素对实验指标的作用，但单因素实验设计并不是意味着该实验中只有一个因素与实验指标有关联。单因素实验设计的主要目标之一就是控制混杂因素对研究结果的影响。常用的控制混杂因素的方法有完全随机实验设计、随机区组实验设计和拉丁方实验设计等。

2.3.1 完全随机实验设计

完全随机实验设计又称单因素设计或成组设计，是科研中最常用的一种研究设计方法，它是将同质的受试对象随机地分配到各处理组进行实验观察，或从不同总体中随机抽样进行对比研究。该设计适用面广，不受组数的限制，且各组样本量可以相等，也可以不相等，但在总体样本量不变的情况下，各组样本量相同时的设计效率最高。

完全随机实验设计方法简单、灵活、易用，处理组数和各组样本量都不受限制，统计分析方法也相对简单。如果在实验过程中，某实验对象发生意外，信息损失将少于其他设计。各处理组应同期平行进行。由于本设计单纯依靠随机分组的方法对非处理因素进行平衡，缺乏有效的控制，实验误差往往偏大。采用该设计时，对个体同质性要求较高，在个体同质性较差或达不到设计要求时，完全随机实验设计并不是最佳设计。此时应该采用随机区组实验设计或拉丁方实验设计。

2.3.2　随机区组实验设计

随机区组实验设计是单向区组化计数，由于同一区组内受试对象条件基本相同，各处理组所有受试对象不仅数量相同，而且保证组间的均衡性，控制一个已知来源的变化，降低抽样误差，实验效率较高。在实验室研究中较为常见。

采用该设计时，要尽可能地使观察值不缺失。这是因为缺失一个数据，该区组的其他数据也就无法利用了。虽然统计学上有估计缺失值的方法，但缺失时信息的损失是较大的，缺失后的信息是无法弥补的。

2.3.3　拉丁方实验设计

由 g 个拉丁字母排成 $g×g$ 方阵，每行或每列每个字母都只出现 1 次，这样的方阵称为 g 阶拉丁方。拉丁方实验设计是按拉丁方的行、列、拉丁字母分别安排 3 个因素，每个因素有 g 个水平。一般将 g 字母分别表示处理的 g 个水平，g 行表示 g 个区组(行区组)，g 列表示另一个区组因素的 g 个水平(列区组)。因此，拉丁方是双向的区组化计数，控制了两个非处理因素的变异。

拉丁方实验设计的特点如下：在因素安排时，每种处理在行和列间均衡分布，因此，在行或列间出现差异时，都不影响处理因素所产生的效应。拉丁方的方差分析将总变异分解为四部分，即处理因素的变异、行区组变异、列区组变异和误差。这样方差分析的误差项较小，因此，该方法是节约样本量的高效率实验设计方法之一。

拉丁方实验设计实际上属于多因素实验设计方法。实际工作中，因为拉丁方实验设计常常考虑两个方向区组所对应的因素为控制因素，另外安排一个研究因素，所以将其归为单因素实验设计。

拉丁方实验设计中，除样本分配需要在区组内随机化外，处理因素各水平和拉丁字母关系的确定也要随机化。拉丁方实验设计可以看作双向区组设计，因此，观察单位在同一区组内就该区组因素而言是同质的。其要求与随机区组实验设计一致。有时为了提高结论的可靠性，需要增加样本量，可以两个或多个拉丁方进行重复实验。

2.4　双因素实验设计

对于双因素问题，往往采取把两个因素变成一个因素的方法来解决，也就是先固定一个因素，做第二个因素的实验，再固定第二个因素，做第一个因素的实验。

2.4.1 旋升法

旋升法又称从好点出发法，主要包含两个方面。

(1) 固定其中一个因素在适当的位置，或者放在 0.618 处，对另外一个因素使用单因素法，找出好点。

(2) 固定该因素于好点，反过来对前一个因素使用单因素法，选出更好点，如此反复。

这种实验方法的特点是对某一因素进行实验选择最佳点时，另一个因素都固定在上次实验结果的好点上。

如图 2-1 所示，首先在一条中线上用单因素法找到最大值 P_1；然后在过 P_1 点与中线垂直的线上用单因素法找到最大值 P_2；最后在过 P_2 点与上一条线垂直的线上用单因素法找到最大值 P_3，直到得到所需的结果。

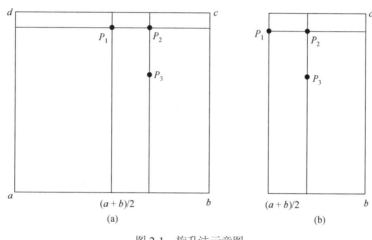

图 2-1 旋升法示意图

2.4.2 对开法

如图 2-2 所示，分别在两条中线上用单因素法找最大值 P、Q，根据 P、Q 值去掉另外 1/2 或 3/4，在余下部分的两条中线上重复第一步的实验，直到得到所需的结果。

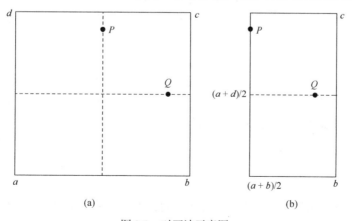

图 2-2 对开法示意图

2.4.3　平行线法

在实际工作中常遇到两个因素的问题，且其中一个因素难以调变，另一个因素却易于调变。例如，一个是浓度，一个是流速，调整浓度就比调整流速困难。在这种情形下用平行线法比较好处理。

如图 2-3 所示，首先用 0.618 法在不易调整的因素范围内确定两点，然后在易调整的因素范围用单因素法分别找上述两点的最大值 P、Q，比较 P、Q，判断余下部分，最后用同样的方法处理余下的部分。

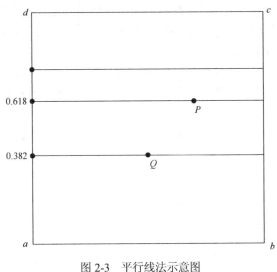

图 2-3　平行线法示意图

2.5　正交实验设计

研究两个以上因素效应的实验称为多因素实验。多因素实验设计方法有正交实验设计、均匀实验设计、稳健实验设计、完全随机化设计、随机区组实验设计、回归正交实验设计、回归正交旋转实验设计、回归通用旋转实验设计等，其中最基础的、在各领域应用最广泛的多因素实验设计方法是正交实验设计。多因素实验克服了单因素实验的缺点，其结果能较全面地说明问题。

对于单因素或两因素实验，因其因素少，实验的设计、实施与分析都比较简单。但在实际工作中，常常需要同时考察 3 个或 3 个以上的实验因素，若进行全面实验，则实验的规模将很大，往往因实验条件的限制而难以实施。正交实验设计就是安排多因素实验、寻求最优水平组合的一种高效率实验设计方法。利用正交表，以部分实施代替全面实施。

2.5.1　正交表

正交实验设计方法是用正交表来安排实验的。正交表是一种预先编制好的表格，根据这种表可合理安排实验并对实验数据的正确性进行判断。

1. 各列水平数均相同的正交表

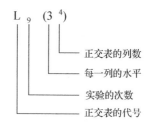

图 2-4 各列水平数均相同的正交表名称的写法

各列水平数均相同的正交表也称单一水平正交表。这类正交表名称的写法如图 2-4 所示。

各列水平数均为 2 的常用正交表有 $L_4(2^3)$、$L_8(2^7)$、$L_{12}(2^{11})$、$L_{16}(2^{15})$、$L_{20}(2^{19})$、$L_{32}(2^{31})$。

各列水平数均为 3 的常用正交表有 $L_9(3^4)$、$L_{27}(3^{13})$。

各列水平数均为 4 的常用正交表有 $L_{16}(4^5)$。

各列水平数均为 5 的常用正交表有 $L_{25}(5^6)$。

用表格的形式列出，如表 2-1 所示。

表 2-1 正交表 $L_4(2^3)$

实验号 \ 列号	1	2	3
1	1	1	1
2	1	2	2
3	2	1	2
4	2	2	1

2. 混合水平正交表

图 2-5 混合水平正交表名称的写法

各列水平数不相同的正交表称为混合水平正交表，图 2-5 就是一个混合水平正交表名称的写法。

$L_8(4^1 \times 2^4)$ 常简写为 $L_8(4 \times 2^4)$。此混合水平正交表含有 1 个 4 水平列和 4 个 2 水平列，共有 $1+4=5$（列）。

所有的正交表与 $L_9(3^4)$ 正交表一样，都具有以下两个特点。

(1) 在每一列中，各个数字出现的次数相同。在表 $L_9(3^4)$ 中，每一列有 3 个水平，水平 1、2、3 各出现 3 次。

(2) 表中任意两列并列在一起形成若干个数字对，不同数字对出现的次数也都相同。在表 $L_9(3^4)$ 中，任意两列并列在一起形成的数字对共有 9 个：(1, 1)、(1, 2)、(1, 3)、(2, 1)、(2, 2)、(2, 3)、(3, 1)、(3, 2)、(3, 3)，每一个数字对出现一次。

2.5.2 选择正交表的基本原则

一般都是先确定实验的因素、水平和交互作用，后选择适用的正交表。在确定因素的水平数时，主要因素宜多安排几个水平，次要因素可少安排几个水平。

(1) 水平数。若各因素全是 2 水平，就选用 L(2*) 表；若各因素全是 3 水平，就选 L(3*) 表。若各因素的水平数不相同，就选择适用的混合水平正交表。

(2) 每一个交互作用在正交表中应占一列或两列。要看所选的正交表是否足够大，能否容纳得下所考虑的因素和交互作用。为了对实验结果进行方差分析或回归分析，还必须至少留一个空白列作为"误差"列，在极差分析中要作为"其他因素"列处理。

(3)实验精度的要求。若要求高，则宜取实验次数多的正交表。

(4)若实验费用很高，或实验的经费很有限，或人力和时间都比较紧张，则不宜选实验次数太多的正交表。

(5)按原来考虑的因素、水平和交互作用去选择正交表，若无正好适用的正交表可选，简便且可行的办法是适当修改原定的水平数。

(6)在对某因素或某交互作用的影响没有把握的情况下，选择正交表时常为该选大表还是选小表而犹豫。若条件许可，应尽量选用大表，让影响存在的可能性较大的因素和交互作用各占适当的列。某因素或某交互作用的影响是否真的存在，留到方差分析进行显著性检验时再得出结论。这样既可以减少实验的工作量，又不至于漏掉重要的信息。

2.5.3　正交实验设计的基本程序

1. 确定实验指标

实验指标由实验目的决定，一项实验目的至少需要一个实验指标，换言之，实验可分为单指标实验和多指标实验。

2. 选择实验因素

选择实验因素时，首先要根据专业知识、以往研究的结论和经验教训，尽可能全面地考虑到影响实验指标的诸因素。然后根据实验要求和尽量少选因素的一般原则，从中选定实验因素。先选择对实验指标影响大的因素、尚未完全掌握其规律的因素和未曾被考察研究过的因素；次要因素可作为可控的条件因素参加实验。

3. 选取实验因素水平，列出因素水平表

对于选出的因素，可以根据经验定出它们的实验范围，在此范围内选出每个因素的水平，即确定水平的个数和各个水平的数值。因素水平选定后，便可列成因素水平表。

4. 选择合适的正交表

所选正交表应满足下列条件。

(1)对等水平实验，所选正交表的水平数与实验因素的水平数应一致，正交表的列数应大于或等于因素及所要考察的交互作用所占的列数，如 $L_n(m^k)$ 型。

(2)对不等水平实验，所选混合水平正交表$\{L_n(M_1^{k_1}\times M_2^{k_2})\}$的某一水平的列数应大于或等于相应水平的因素的个数。

选正交表的原则是：在能安排实验因素和要考察的交互作用的前提下，尽可能选用小号正交表，以减少实验次数。另外，为考察实验误差，所选正交表安排完实验因素及要考察的交互作用后，最好有一列空白列，否则必须进行重复实验才能考察实验误差。

5. 表头设计

表头设计就是将实验因素分别安排到正交表的各列中去的过程。如果因素间无交互作用，各因素可以任意安排到正交表的各列中去；如果要考察交互作用，则各因素不能随意安排，应按所选正交表的交互作用表进行安排。

6. 编制实验方案

在表头设计的基础上，将所选正交表中各列的水平数字换成对应因素的具体水平值，便形成实验方案。它是实际进行实验的依据。

至此，实验方案设计已告完成。接下来就是具体实施实验，在实验过程中，必须严格按照各号实验的组合进行处理，不能随意改动。实验因素必须严格控制，实验条件应尽量保持一致。另外，实验方案中的实验号并非实际实验进行的顺序，为了加快实验，最好同时进行实验，同时取得实验结果。如果条件只允许逐个进行实验，那么应使实验顺序完全随机化，即采用抽签或以随机数表等方法确定实验顺序，以排除外界干扰。此外，还应尽可能进行重复实验，以减少随机误差对实验结果的影响。

7. 分析正交实验的结果

对取得的大量实验数据进行科学的分析并得出正确的结论，是实验设计法中不可分割的组成部分。通过分析主要因素及其影响程度，找出最佳的工艺条件。

正交实验方法能得到科技工作者的重视并在实践中得到广泛的应用，其原因不仅在于能使实验的次数减少，而且在于能够用相应的方法对实验结果进行分析并引出许多有价值的结论。因此，利用正交实验法进行实验，如果不对实验结果进行认真的分析，并引出合理的结论，那就失去了用正交实验法的意义和价值。

正交实验的结果分析有极差分析法、方差分析法。极差分析法简便易行、计算量小，但不如方差分析法严谨。方差分析可以分析出实验误差，从而知道实验精度；不仅可给出各因素及交互作用对实验指标影响的主次顺序，而且可分析出哪些因素影响显著，哪些因素影响不显著。对于显著因素，选取优水平并在实验中加以严格控制；对于不显著因素，可视具体情况确定优水平。但极差分析不能对各因素的主要程度给予精确的数量估计。

进行实验结果分析的目的如下。

(1) 分清各因素及其交互作用的主次顺序，即分清主要因素和次要因素。

(2) 判断因素对实验指标影响的显著程度。

(3) 找出实验因素的优水平和实验范围内的最优组合，即实验因素各取什么水平时，实验指标最好。

(4) 分析实验因素与实验指标间关系，找出指标随因素变化的规律和趋势，为进一步实验指明方向。

(5) 了解各因素间的交互作用情况。

(6) 估计实验误差。

第3章　实验数据分析与处理

3.1　误差的基本概念

在实验中，进行测量的目的在于求出某一物理量的真值，而在任何实验中所得到的数据，由于主观和客观因素的影响，都存在误差，所以必须对误差进行分析处理，测量所得的数据才有意义。

误差理论所要解决的问题是认识测量误差存在的规律性，找出消除或减小误差对测量结果影响的方法，尽可能获得逼近被测量真值的正确结果。其具体任务就是在给定条件下，从一组数据中确定一个最优值，用这个最优值来代替被测的物理量，并对它的精度进行估计。这一过程通常称为数据处理。

3.1.1　测量误差与测量精度

1. 测量误差的概念

任一待测的物理量都具有客观存在的量值，这一量值称为真值，用 x_0 表示。而通过测量仪表得到的结果称为测定值或示值，用 x 表示。在测量技术中，测定值与真值之间的差值称为测量误差。

在实际测量工作中，由于存在各种各样的影响因素，测定值与被测量的真值间存在一定的差异，也就是说，测量误差的存在是不可避免的。实际上真值是无法测量得到的。而测量的目的是取得被测未知量的数值，而真值又是不可得到的，为求得真值，必须要研究误差，只有当误差已知或在可能范围内时，测得的数据才有意义。

2. 测量误差的分类

根据测量误差的性质不同，可将测量误差分为三类，即系统误差、随机误差和粗大误差。

1) 系统误差

在多次等精度测量同一恒定量值时，误差的绝对值和符号保持不变或按某种规律变化的误差称为系统误差，简称系差。如果误差的绝对值和符号保持不变，则称为恒值系统误差。例如，仪表指针零点偏移将产生恒值系统误差。如果误差按一定规律变化，则称为变值系统误差。变值系统误差又可分为累进系统误差、周期性系统误差及复杂规律变化的系统误差。

产生系统误差的主要原因有以下四个方面。

(1) 测量仪器设计原理及制作上的缺陷。例如，刻度偏差，刻度盘或指针安装偏心，使用过程中零点漂移，安放位置不当等。

(2) 测量时的环境条件(如温度、湿度及电源电压等)与仪器使用要求不一致等。

(3) 采用近似的测量方法或近似的计算公式等。

(4) 测量人员估计读数时习惯偏于某一方向等。

系统误差的处理多属于测量技术上的问题，可以通过实验的方法加以消除，也可以通过引入更正值的方法加以修正。

2) 随机误差

随机误差又称为偶然误差，是指对同一恒定值进行多次等精度测量时，其绝对值符号无规则变化的误差，通常用 δ 表示。就单次测量而言，随机误差没有规律，其大小和方向完全不可预测，但当测量次数足够多时，其总体服从统计学规律，多数情况下接近于正态分布。

产生随机误差的主要原因包括以下三个方面。

(1) 测量仪器元器件产生噪声，零部件配合不稳定、摩擦、接触不良等。

(2) 温度及电源电压的无规则波动、电磁干扰、地基振动等。

(3) 测量人员感觉器官的无规则变化而造成的读数不稳定等。

随机误差的产生取决于测量过程中一系列随机因素的影响，所以在任何一次测量中，随机误差的存在都是不可避免的。随机误差就个体而言是没有规律的，但就总体而言服从一定的统计规律，利用概率论和数理统计的方法，可以从理论上估计随机误差对测定值的影响。

3) 粗大误差

在一定的测量条件下，测定值明显偏离真值所形成的误差称为粗大误差，也称为疏失误差，简称粗差。确认含有粗差的测定值称为坏值，应当剔除不用，这是因为坏值不能反映被测量的真实数值。

产生粗差的主要原因包括以下三个方面。

(1) 测量方法不当或错误。例如，用大量程的压力计测量小压力。

(2) 测量操作疏忽和失误。例如，未按规程操作，读错读数或单位，记录或计算错误等。

(3) 测量条件的突然变化。例如，电源电压突然增高或降低、雷电干扰、机械冲击等引起测量仪器示值的剧烈变化等。

粗大误差就其数值而言往往明显超过同样测量条件下的系统误差和随机误差，它对测量结果的歪曲是严重的，使得测量结果完全不可信赖。因此，一旦发现粗大误差，必须将该测量结果从测量数据中剔除。

3. 测量精度

由于测量中存在误差，也就是说测定值偏离真值，用来描述这种偏离程度的指标称为测量精度，与误差相对应。测量误差和测量精度表示测量系统对于测量结果的精确性与可靠性。测量精度可细分为以下三个方面。

(1) 精密度。表示在同一测量条件下，对同一被测量进行多次测量时，得到的测量结果的分散程度。精密度说明仪表指示值的分散性，它反映随机误差的影响。精密度高，意味着随机误差小，测量结果的重复性好。

(2) 准确度。对同一被测量进行多次测量，测定值偏离被测量真值的程度，称为测量的准确度。准确度说明仪表指示值与真值的接近程度。它反映系统误差的影响。准确度高，说明系统误差小。

（3）精确度。精密度与准确度的综合指标称为精确度，简称精度。精确度高，说明精密度和准确度都高，也就意味着系统误差和随机误差都小，因而最终测量结果的可信赖度高。

对于具体的测量，精密度高的准确度不一定高，准确度高的精密度也不一定高，但精确度高，则精密度和准确度都高。图 3-1 说明了这种情况。图中，x_0 代表被测量真值，$\bar{x}$ 代表多次测定值的平均值，小黑点代表每次得到的测定值。

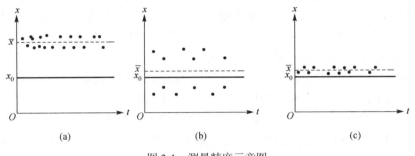

图 3-1　测量精度示意图

图 3-1(a)中，测定值密集于平均值周围，随机误差小，精密度高，但平均值与真值偏差大，系统误差大，说明测量准确度低。图 3-1(b)中，测定值的分布离散性大，说明随机误差大，精密度低，但平均值与真值的偏差小，系统误差小，说明测量的准确度高。图 3-1(c)中，随机误差和系统误差都小，说明测量的精确度高。

3.1.2　误差的表示方法

误差就是测定值与被测量真值之间的差。在不同的场合，误差有不同的表示方法。最常用的表示方法是将误差分为绝对误差和相对误差两种。

1. 绝对误差

绝对误差通常简称为误差，其定义为

$$\Delta x = x - x_0 \tag{3-1}$$

式中，Δx 为绝对误差；x 为测定值；x_0 为被测量真值。

被测量的真值是不可知的。在误差理论中，对于等精度测量，当测量次数无限多时，测量结果的算术平均值近似于真值。通常以标准器所提供的标准值或以高一级的标准仪表测量值作为近似的真实值，又称为实际值。因而绝对误差更有实际意义的定义为

$$\Delta x = x - A \tag{3-2}$$

式中，A 为被测量的实际值。

绝对误差具有下面三个特点。

（1）绝对误差是有单位的量，其单位与测定值和实际值相同。

（2）绝对误差是有符号的量，其符号表示出测定值与实际值的关系，若测定值较实际值大，则绝对误差为正值，反之为负值。

（3）测定值与被测量实际值间的偏离程度和方向通过绝对误差来体现。

2. 相对误差

相对误差用来说明测量精度，是绝对误差与某一约定值的比值，用百分数表示。根据约定值的不同，相对误差又可分如下三种。

1) 实际相对误差

测量绝对误差与被测量实际值的比值称为实际相对误差。其定义式为

$$\gamma_A = \frac{\Delta x}{A} \times 100\% \tag{3-3}$$

2) 示值相对误差

示值相对误差也称标称相对误差，是测量绝对误差与测定值的比值。其定义式为

$$\gamma_x = \frac{\Delta x}{x} \times 100\% \tag{3-4}$$

3) 满度相对误差

满度相对误差定义为测量仪器量程内最大绝对误差 Δx_m 与测量仪器满度值 x_m 的比值，也称为引用误差。其定义式为

$$\gamma_m = \frac{\Delta x_m}{x_m} \times 100\% \tag{3-5}$$

由式(3-5)可以看出，满度相对误差实际上给出了仪表在量程内绝对误差的最大值，即

$$\Delta x_m = \gamma_m x_m \tag{3-6}$$

一般来讲，在同一量程内，测定值越小，示值相对误差越大。由此应当注意，测量中所选仪表的精度并不是测量结果的精度，只有在示值相对误差与满度相对误差相同时，两者才相等。否则测定值的精度将低于仪表的精度等级。

3. 测量误差的来源

为了减小测量误差，提高测量结果的精度，必须明确测量误差的主要来源，以便估算测量误差并采取相应措施减小测量误差。测量误差的来源主要有以下四个方面。

1) 仪器误差

仪器误差是由测量仪器本身的不完善而产生的误差，又称为设备误差。由于涉及一些测量仪表、器件、引线、传感器以及提供检定用的标准器具等，不完善的因素有很多，包括设计、制造、装配、检定等方面的不完善以及仪器使用过程中元器件老化、机械部件磨损、疲劳等众多因素。

减小仪器误差的主要途径是正确地选择测量仪表、正确地使用测量仪表、定期地校验测量仪表，在规定条件下进行操作。

2) 人员误差

人员误差主要是指测量人员的分辨能力、测量经验和测量习惯造成的误差。

减小人员误差的主要途径有：提高测量者的操作技能和工作责任心；采用更合适的测量方法；采用数字显示的客观读数以避免指针式仪表的视读误差等。

3) 环境误差

环境误差是指各种环境因素与仪表工作条件不一致而造成的误差。最主要的影响因素是环境温度、湿度、压力、振动、电源电压和电磁干扰等。当环境条件符合要求时，环境误差通常可不予考虑。但在精密测量及计量中，需根据测量现场的环境条件求出各项环境误差，以便根据需要进行进一步的修正处理。

4) 方法误差

方法误差是所使用的测量方法不当，或对测量设备操作使用不当，或测量所依据的理论不严格，或对测量计算公式不适当简化等原因而造成的误差。

方法误差通常以系统误差形式表现出来。在掌握具体原因及有关量值后，原则上都可以通过理论分析和计算或改变测量方法来消除或修正方法误差。

3.2　实验数据的误差分析

3.2.1　随机误差分析

1. 随机误差的特性

随机误差的出现，从表面上看是毫无规律的、纯偶然的，所以随机误差又称为偶然误差。但是，就其总体而言，随机误差的出现服从统计规律，利用数理统计的理论和方法，可以掌握大量数据中存在的随机误差的规律，确定随机误差对测量结果的影响。

在对大量的随机误差进行统计分析后，人们认识并总结了随机误差分布的如下四条性质。

(1) 随机性。在一定的测量条件下，测量的随机误差总在一定的、相当窄的范围内变动，绝对值很大的误差出现的概率接近于零。也就是说，随机误差的绝对值实际上不会超过一定的界限。这个性质也称为随机误差的有界性。

(2) 单峰性。随机误差具有分布上的单峰性，即绝对值小的误差出现的概率大，绝对值大的误差出现的概率小，零误差出现的概率比任何其他数值的误差出现的概率都大。

(3) 对称性。大小相等、符号相反的随机误差出现的概率相同，其分布呈对称性。

(4) 抵偿性。在等精度测量条件下，当测量次数 n 趋于无穷时，全部随机误差的算术平均值趋于零，即

$$\lim_{n \to \infty} \frac{1}{n} \sum_{i=1}^{n} \delta_i = 0 \tag{3-7}$$

根据概率论中心极限定理可知，设某随机变量可用大量独立随机变量之和表示，其中每一个随机变量对总和的影响极微，则可认为这个随机变量服从正态分布。在大多数的测量中，随机误差正是由多种独立因素共同造成的许多微小误差的总和。由此可见，正态分布是随机误差较为普遍的一种分布规律。

应该指出，在测量技术中并非所有的随机误差都服从正态分布，还存在一些非正态分布，如均匀分布、反正弦分布等。但大多数的随机误差服从正态分布，或者可以由正态分布来代替，所以重点讨论以正态分布为基础的随机误差的分析与处理。

理论与实践证明，大多数测量的随机误差都服从正态分布，其分布密度函数为

$$f(\delta) = \frac{1}{\sigma\sqrt{2\pi}} e^{-\frac{\delta^2}{2\sigma^2}} \tag{3-8}$$

若以测定值本身来表示，则

$$f(x) = \frac{1}{\sigma\sqrt{2\pi}} e^{-\frac{(x-x_0)^2}{2\sigma^2}} \tag{3-9}$$

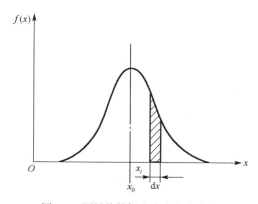

图 3-2　测量值的概率分布密度曲线

其曲线如图 3-2 所示。式(3-9)中，x_0 和 σ 是决定正态分布的两个特征参数，x_0 和 σ 的值确定以后，则概率正态分布密度就确定了，所以 x_0 和 σ 称为正态分布的特征数。在误差理论中，x_0 代表被测参数的真值，完全由被测参数本身所决定。当测量次数趋于无穷大时，有

$$x_0 = \lim_{n \to \infty} \frac{1}{n} \sum_{i=1}^{n} x_i \tag{3-10}$$

σ 称为标准误差，又称为均方根误差，表示测定值在真值附近的散布程度，由测量条件所决定。其定义式为

$$\sigma = \lim_{n \to \infty} \sqrt{\frac{1}{n} \sum_{i=1}^{n} \delta_i^2} = \lim_{n \to \infty} \sqrt{\frac{1}{n} \sum_{i=1}^{n} (x_i - x_0)^2} \tag{3-11}$$

由图 3-2 可以看出，正态分布很好地反映了随机误差的分布规律，与随机误差的四条性质相互印证。

2. 正态分布的统计性质

1) 数学期望

对于服从正态分布的测定值 x，落在 $(x, x+\Delta x)$ 内的概率近似为 $f(x)\Delta x$，所以一列等精度测定值的数学期望可以写为

$$M(x) = \int_{-\infty}^{+\infty} x \frac{1}{\sigma\sqrt{2\pi}} \mathrm{e}^{-\frac{(x-x_0)^2}{2\sigma^2}} \mathrm{d}x = x_0 \tag{3-12}$$

式(3-12)的意义为：数学期望是随机变量(测定值)的概率分布的平均数，也就是把变量的所有可能值乘以各个可能值所分别具有的概率的总和。可以根据一列 n 次等精度测量所得到的结果 $x_1, x_2, \cdots, x_n$ 来估计真值 x_0。因此真值 x_0 的最有可能值就是 x_i 的算术平均值，即

$$\overline{x} = \frac{1}{n}(x_1 + x_2 + \cdots + x_n) = \frac{1}{n}\sum_{i=1}^{n} x_i \tag{3-13}$$

式中，$\overline{x}$ 表示有限个测定值的平均值，它在真值 x_0 附近摆动，当 n 趋于无穷大时，$\overline{x}$ 会收敛于 x_0，所以可以把 $\overline{x}$ 称为 x_0 的无偏估计，即 $\overline{x}$ 是 x_0 的最佳估计值。

2)标准误差

由式(3-11)可知，标准误差 σ 是在 $n \to \infty$ 的条件下给出的定义式，即测量次数应趋近于无穷大。但在实际的测量工作中，不可能做到无限次的测量，只能进行有限次的测量，而且所知道的也仅仅是由算术平均值所求得的被测量的真值的估计值。因此，标准误差 σ 实际上也不能准确计算，只能估计。

当 n 为有限值时，用残差 $v_i = x_i - \overline{x}$ 来近似代替真误差 δ_i，用 $\hat{\sigma}$ 表示有限次测量时标准误差 σ 的估计值。可以证明

$$\hat{\sigma} = \sqrt{\frac{1}{n-1}\sum_{i=1}^{n}(x_i - \overline{x})^2} = \sqrt{\frac{1}{n-1}\sum_{i=1}^{n} v_i^2} \tag{3-14}$$

式(3-14)称为贝塞尔公式。当 $n \to \infty$ 时，$\overline{x} \to x_0$，$(n-1) \to n$，可见贝塞尔公式与 σ 的原始定义是相同的。只不过在利用贝塞尔公式计算时，n 是有限值，所以计算出的结果只是 σ 的估计值。

当 $n=1$ 时，贝塞尔公式出现 $\dfrac{0}{0}$ 的不定式，说明对某一物理量如果仅测量一次，其标准误差不能用贝塞尔公式确定。这也说明，贝塞尔公式只有在 $n>1$ 的情况下才有意义。

σ 表征各个测量值彼此间的分散程度。不同 σ 值的三条正态分布曲线如图3-3所示。

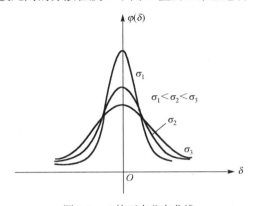

图3-3　δ 的正态分布曲线

由图 3-3 可见，σ 值越小，则分布曲线越尖锐，意味着小误差出现的概率越大，而大

误差出现的概率越小，表明测定值越集中，精密度越高。因此可以用参数 σ 来表征测量的精密度。

如果在相同条件下对同一量值进行多组重复的系列测量，则每一系列都有一个算术平均值。由于随机误差的存在，各个测量列的算术平均值也不相同，围绕着被测量的真值有一定的分散。用算术平均值的标准差 $\sigma_{\bar{x}}$ 表征同一被测量的各个独立测量列算术平均值的分散性，作为算术平均值不可靠性的评定标准。可以证明

$$\sigma_{\bar{x}} = \frac{\sigma}{\sqrt{n}} \tag{3-15}$$

式 (3-15) 的含义是用 $\bar{x}$ 的均方根误差来表征 $\bar{x}$ 对被测量真值估计的精密度。若用 $\hat{\sigma}$ 作为 σ 的估计值，则

$$\hat{\sigma}_{\bar{x}} = \frac{\hat{\sigma}}{\sqrt{n}} \tag{3-16}$$

3.2.2　间接测量的误差分析与处理

某些被测量只能采用间接测量方式，如空气中的焓值、透平机械的输出功率等，通过直接测量量与被测量的函数关系来计算被测量的数值。因此，间接测量量就是直接测量得到各个测量量的函数。间接测量的误差分析与处理的任务就在于通过已经得到的有关直接测量量的平均值及其误差，估计间接测量量的真值和误差。

1.　间接测量的误差传递

设间接测量量 Y 是直接测量量 $x_1, x_2, \cdots, x_m$ 的函数，即

$$Y = f(x_1, x_2, \cdots, x_m) \tag{3-17}$$

假定对 $x_1, x_2, \cdots, x_m$ 各进行了 n 次测量，那么每个 $x_i (i = 1, 2, \cdots, m)$ 都有自己的一列测定值 $x_{i1}, x_{i2}, \cdots, x_{in}$，其相应的随机误差为 $\delta_{i1}, \delta_{i2}, \cdots, \delta_{in}$。

若将测量 $x_1, x_2, \cdots, x_m$ 时所获得的第 j 个测定值代入式 (3-17)，可求得间接测量量 Y 的第 j 个测定值 y_j，即

$$y_j = f(x_{1j}, x_{2j}, \cdots, x_{mj}) \tag{3-18}$$

由于测定值 $x_{1j}, x_{2j}, \cdots, x_{mj}$ 与真值间存在随机误差，y_j 与其真值间也必然存在误差，记为 δ_{y_j}。由误差定义，式 (3-18) 可写为

$$Y + \delta_{y_j} = f(x_1 + \delta_{1j}, x_2 + \delta_{2j}, \cdots, x_m + \delta_{mj}) \tag{3-19}$$

若 δ_{ij} 较小，且 $x_i (i = 1, 2, \cdots, m)$ 是彼此相互独立的量，可将式 (3-19) 按泰勒公式展开，并取其误差的一阶项作为一次近似，略去一切高阶误差项，则式 (3-19) 可近似写为

$$Y + \delta_{y_j} = f(x_1, x_2, \cdots, x_m) + \frac{\partial f}{\partial x_1}\delta_{1j} + \frac{\partial f}{\partial x_2}\delta_{2j} + \cdots + \frac{\partial f}{\partial x_m}\delta_{mj} \tag{3-20}$$

间接测量量的算术平均值 $\bar{Y}$ 就是 Y 的最佳估计值：

$$\overline{Y} = \frac{1}{n}\sum_{j=1}^{n}(Y + \delta_{y_j}) = Y + \frac{1}{n}\sum_{j=1}^{n}\delta_{y_j}$$

$$= f(x_1, x_2, \cdots, x_m) + \frac{\partial f}{\partial x_1} \cdot \frac{1}{n}\sum_{j=1}^{n}\delta_{1j} + \frac{\partial f}{\partial x_2} \cdot \frac{1}{n}\sum_{j=1}^{n}\delta_{2j} + \cdots + \frac{\partial f}{\partial x_m} \cdot \frac{1}{n}\sum_{j=1}^{n}\delta_{mj} \tag{3-21}$$

式中，$\dfrac{1}{n}\sum_{j=1}^{n}\delta_{mj}$ 恰好是测量 x_m 时所得的一列测定值平均值 $\overline{x}_m$ 的随机误差，记为 $\delta_{\overline{x}_m}$，所以式 (3-21) 又可写为

$$\overline{Y} = f(x_1, x_2, \cdots, x_m) + \frac{\partial f}{\partial x_1}\delta_{x_1} + \frac{\partial f}{\partial x_2}\delta_{x_2} + \cdots + \frac{\partial f}{\partial x_m}\delta_{x_m} \tag{3-22}$$

另外，如果将直接测量 $x_1, x_2, \cdots, x_m$ 所获得的测定值的算术平均值 $\overline{x}_1, \overline{x}_2, \cdots, \overline{x}_m$ 代入式 (3-17)，并将其在 $x_1, x_2, \cdots, x_m$ 的邻域内用泰勒公式展开，则

$$f(\overline{x}_1, \overline{x}_2, \cdots, \overline{x}_m) = f(x_1 + \delta_{x_1}, x_2 + \delta_{x_2}, \cdots, x_m + \delta_{x_m})$$

$$= f(x_1, x_2, \cdots, x_m) + \frac{\partial f}{\partial x_1}\delta_{x_1} + \frac{\partial f}{\partial x_2}\delta_{x_2} + \cdots + \frac{\partial f}{\partial x_m}\delta_{x_m} \tag{3-23}$$

比较式 (3-22) 与式 (3-23)，可得

$$\overline{Y} = f(\overline{x}_1, \overline{x}_2, \cdots, \overline{x}_m) \tag{3-24}$$

由此可得到这样的结论，间接测量量的最佳估计值可以由与其有关的各直接测量量的算术平均值代入函数关系式求得。

同理，根据式 (3-17) 和式 (3-20) 可以得到间接测量量标准误差与直接测量量标准误差的关系：

$$\sigma_y = \sqrt{\left(\frac{\partial f}{\partial x_1}\right)^2 \sigma_1^2 + \left(\frac{\partial f}{\partial x_2}\right)^2 \sigma_2^2 + \cdots + \left(\frac{\partial f}{\partial x_m}\right)^2 \sigma_m^2} \tag{3-25}$$

由此得到另外一个结论，间接测量量的标准误差是各独立直接测量量的标准误差和函数对该直接测量量偏导数乘积的平方和的平方根。

以上两个结论是误差传播原理的基本内容，是解决间接测量误差分析与处理问题的基本依据。

2. 间接测量的误差分配

误差传播原理不仅可以解决间接测量量与各直接测量量的误差传递问题，而且可以解决各直接测量量的误差分配问题，即如果规定间接测量量的误差不能超过某一规定值，那么可以利用误差传播原理求出各直接测量量的误差允许值，以满足间接测量量的要求。

由误差传播原理，如果间接测量量 Y 与 m 个独立直接测量量 x 之间的函数关系见式 (3-17)，则 Y 的标准误差见式 (3-25)。

现在的问题是 σ_y 给定，而要求确定 $\sigma_i(i = 1, 2, \cdots, m)$ 的数值。显然，用一个方程求多个未知数解是不定的。对于这样的问题，可以采用工程方法解决。作为第一步近似，采用等作用原则，即假设各直接测量量的误差对间接测量量的影响是相等的，也就是可以将间接测量量

的总允许误差平均分配给各直接测量量，则

$$\left(\frac{\partial f}{\partial x_1}\right)\sigma_1 = \left(\frac{\partial f}{\partial x_2}\right)\sigma_2 = \cdots = \left(\frac{\partial f}{\partial x_m}\right)\sigma_m \tag{3-26}$$

因此，

$$\sigma_y = \sqrt{m}\left(\frac{\partial f}{\partial x_i}\right)\sigma_i \tag{3-27}$$

或者

$$\sigma_i = \frac{\sigma_y}{\sqrt{m}}\left(\frac{1}{\partial f / \partial x_i}\right) \quad (i = 1, 2, \cdots, m) \tag{3-28}$$

如果各直接测量量的误差满足式(3-28)，则所得的间接测量量的误差不会超过允许误差的给定值。但按式(3-28)求得的误差不一定合理，在技术上也不一定能实现。因此，在依据等作用原则近似地选择各直接测量量的误差以后，还要切合实际地进行调整。调整的基本原则要考虑测量仪器可能达到的精度、技术上的可能性、经济上的合理性，以及各直接测量量在函数关系中的地位。对技术上难以获得较高测量精度或者需要花费很大代价才能取得较高精度的直接测量量，应该放宽要求，分配给较大允许误差。而对于容易获得较高测量精度的直接测量量，则应分配给较小的允许误差。考虑到各直接测量量在函数中的地位不同，对间接测量结果的影响也不同，对于影响较大的直接测量量，应该根据具体情况提高其精度要求。

3.2.3 粗大误差分析与处理

粗大误差是疏忽大意所引起的，绝大多数粗大误差是由测量者的主观原因造成的。例如，测量时操作不当，粗心大意而造成读数、记录的错误。粗大误差与随机误差的性质不同，只要实验方案正确，操作人员专心，这些不正确的行为和不正确的因素是可以避免的。换句话说，粗大误差是可以消除的。

由于粗大误差明显地歪曲了测量结果，含有粗大误差的测定值一定要予以剔除。常用的方法有拉依达准则、格拉布斯准则、肖维涅判据及 T 检验准则等，后文有相关介绍。

3.2.4 系统误差分析

1. 系统误差的性质

系统误差与随机误差不同，它的出现具有一定的规律性，不能像随机误差那样靠统计的方法，只能采取具体问题具体分析的方法，通过仔细检验及特定的实验才能发现与消除系统误差。

如果测量列中存在系统误差 θ_i，用 x_i' 代表更正后的测定值，则

$$x_i = \theta_i + x_i' \tag{3-29}$$

其算术平均值

$$\bar{x} = \frac{1}{n}\sum_{i=1}^{n} x_i = \frac{1}{n}\sum_{i=1}^{n} x_i' + \frac{1}{n}\sum_{i=1}^{n} \theta_i \tag{3-30}$$

即

$$\overline{x} = \overline{x}' + \frac{1}{n}\sum_{i=1}^{n}\theta_i \tag{3-31}$$

式中，$\overline{x}'$ 是消除系统误差后的测定值的算术平均值。

对于未被更正的测定值而言，也可以求得它的残差 v_i：

$$v_i = x_i - \overline{x} = (x_i' + \theta_i) - \left(\overline{x}' + \frac{1}{n}\sum_{i=1}^{n}\theta_i\right) = (x_i' - \overline{x}') + \left(\theta_i - \frac{1}{n}\sum_{i=1}^{n}\theta_i\right) \tag{3-32}$$

由式(3-32)可以得到系统误差的两个性质。

(1)对于固定的系统误差，由于

$$\theta_i = \frac{1}{n}\sum_{i=1}^{n}\theta_i \tag{3-33}$$

根据式(3-32)，则有 $v_i = (x_i' - \overline{x}') = v_i'$，由此而计算的标准误差也会相等。因此，固定的系统误差并不影响测量列的精密度，只是影响测量结果的准确度。如果测量次数足够多，则残差的概率分布仍服从正态分布。

(2)对于变化的系统误差，由于

$$\theta_i \neq \frac{1}{n}\sum_{i=1}^{n}\theta_i \tag{3-34}$$

即 $v_i \neq v_i'$，所以变化的系统误差不但影响测量结果的准确度，而且其精密度会变化。

系统误差的这两个性质对通过测量数据来判定系统误差有着重要的意义。

2. 系统误差的一般清除方法

由于系统误差是可以被发现的，为了提高测量精度，应尽力对系统误差进行修正或消除。一般来说，系统误差的处理属于测量技术上的问题，要从测量技术的角度出发尽可能排除造成系统误差的各种因素。

发现和消除系统误差的常用方法有以下三种。

1) 交换抵消法

交换抵消法也称为对置法或交换法。这种方法是消除系统误差的常用方法。其实质是交换某些测量条件，使得引起系统误差的原因以相反的方向影响测量结果，从而中和其影响。

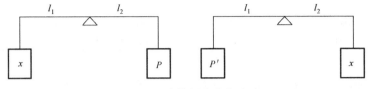

图 3-4　交换抵消法称重

如图 3-4 所示，在两臂长为 l_1 和 l_2 的天平上称重，先将被测质量 x 放在左边，标准砝码 P 放在右边，调平衡后，有

$$x = \frac{l_2}{l_1}P \tag{3-35}$$

若l_1与l_2不严格相等,取$x=P$必将引入系统误差。此时,可将x、P位置交换,由于$l_1 \neq l_2$,P需要换为P'才能与x平衡,即

$$P' = \frac{l_2}{l_1}x \tag{3-36}$$

于是可取
$$x = \sqrt{PP'}$$

这样即可消除因天平臂长不等而引入的系统误差。

2) 替代消除法

在一定的测量条件下,用一个精度较高的已知量在测量装置中取代被测量,而使测量仪表的示值保持不变,此时,被测量即等于已知量。由于替代前后整个测量系统及仪器示值均未改变,测量中的系统误差对测量结果不产生影响,测量准确度主要取决于标准已知量的准确度及指示器灵敏度。

图 3-5 是替代消除法在精密电阻电桥中的应用实例。首先接入未知电阻R_x,调节电桥使之平衡,此时有

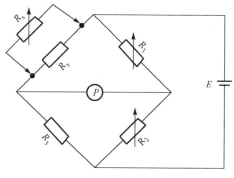

图 3-5　替代消除法测量电阻

$$R_x = R_1 R_3 / R_2 \tag{3-37}$$

由于R_1、R_2和R_3都有误差,若利用它们的标称值来计算R_x,则R_x也必将带有误差。为了消除R_1、R_2和R_3带来的误差,现用可变标准电阻R_s代替R_x,并保持R_1、R_2和R_3不变,调节可变标准电阻R_s使电桥重新平衡,则有$R_x = R_s$,可见此时测量误差仅取决于可变标准电阻R_s的误差,而与R_1、R_2和R_3的误差无关。

3) 预检法

这是一种检验和发现系统误差的常用方法。可用测量器具与较高精度的基准器具对同一物理量进行多次重复测量,将两个测量列分别求取算术平均值,则两个算术平均值的差值即可看作测量器具在该物理量测量时的系统误差,据此,可对测量值进行修正。

3.3　实验数据的处理

实验数据的处理,就是从测量所得到的原始实验数据中求出被测量的最佳估算值,并计算其精确程度。有时会把实验数据绘制成曲线或归纳整理成经验公式,以便得到正确的结论。

1. 有效数字

由于含有误差，测量数据及由测量数据计算出来的算术平均值等都是近似值。通常就从误差的观点来定义近似值的有效数字。含有误差的任何近似数，如果其绝对误差不大于末位数的半个单位，那么从这个近似数左边第一个不为零的数字起，到右边最后一个数字(包括零)止，都称为有效数字。例如，3.1416 为五位有效数字，8700 为四位有效数字等。需要注意的是，位于数字中间和末尾的"0"都是有效数字，而位于第一个非零数字前面的"0"都不是有效数字。

数字末尾的"0"很重要，例如，写成 20.80 表示测量结果准确到百分位，最大绝对误差不大于 0.005，而若写成 20.8，则表示测量结果准确到十分位，最大绝对误差不大于 0.05，因此上面两个测量值分别在 $(20.8-0.005)\sim(20.8+0.005)$ 和 $(20.8-0.05)\sim(20.8+0.05)$，可见末位是欠准确的估计值，称为欠准数字。

在测量结果中，末位有效数字取到哪一位，是由测量精度决定的，即末位有效数字应与测量精度是同一量级的。例如，用千分尺测量时，其测量精度只能达到 0.01mm，若测出数据为 20.531mm，显然小数点后第二位数字已不可靠，而第三位数字更不可靠，此时只应保留小数点后第二位数字，即 20.53mm。由此可知，测量结果应保留的位数原则是：其末位数字是欠准数字。

对于位数很多的近似数，当有效位数确定后，其后面多余的数字应予舍去。其舍入规则如下：

(1) 以保留数字的末位为单位，它后面的数字若大于 0.5 个单位，则末位进 1；

(2) 以保留数字的末位为单位，它后面的数字若小于 0.5 个单位，则末位不变；

(3) 以保留数字的末位为单位，它后面的数字若恰为 0.5 个单位，则末位为奇数时加 1，末位为偶数时不变，即将末位凑成偶数。

上述规则可简单概括为"小于 5 舍，大于 5 入，等于 5 时采取偶数法则"。

2. 计算规则

当需要对几个测量数据进行运算时，为了保证最后结果有较高的精度，所有参与运算的数据在有效数字后可多保留一位数字作为参考数字，也称为安全数字。

1) 加减法运算

以小数点后位数最少的为准(各项无小数点则以有效数字最少者为准)，其余各数可多取一位，但最后的结果应与小数位最少的数据小数位相同。

例如，求 $2643.0+987.7+4.187+0.2354$ 的和，则运算如下：

$2643.0+987.7+4.187+0.2354\approx2643.0+987.7+4.19+0.24=3635.13\approx3635.1$。需要注意的是，当两个数很接近又要进行减法运算时，有可能造成很大的相对误差，因此要尽量避免导致相近两个数相减的测量方法或者在运算中多一些有效数字。

2) 乘除法运算

以有效数字位数最少的数据位数为准，其余参与运算的数字比有效数字位数最少的数据位数多取一位，但最后结果应与有效数字位数最少的数据位数相同。

例如：$15.13 \times 4.12 = 62.3356 \approx 62.3$ 。

3）乘方、开方运算

乘方相当于乘法运算，开方是平方的逆运算，所以可按乘除法运算处理。

另外，还有关于对数、三角函数等的运算法则，在此不再详述。

3.4　实验数据的整理和表示

3.4.1　实验数据的整理

实验数据是实验结果的主要表现形式，也是定量研究结果的主要证据。当整理实验数据时，必须先解决一个重要问题，那就是异常数据取舍的问题。整理实验数据时往往会遇到这种情况，即在一组实验数据里，发现少数几个偏差特别大的数据，这些异常数据应当如何处理呢？如果能确定这几个数据是坏值，则将它们舍弃不用才会使结果更符合客观实际情况。但是，在另一种情况下，一组正确测定的分散性本来反映了仪器测量的随机波动特性，如果为了得到精度更高的结果，而人为地舍掉一些偏差大一点、但不属于坏值的值，这是错误的。因为在相同条件下，测定结果一定会再现，甚至再现得更多。因此，正确地解决异常数据的取舍，是数据处理经常碰到而且很重要的问题。

在测定过程中，对于因读错、记错、算错、仪器振动等因素影响而造成的坏值可以有充分的理由将其舍弃，这就是物理判别法。但在通常情况下，得到少数偏差较大的值又看不出明显的原因，一般要用统计判别法。统计判别法是建立在测定值遵从正态分布与随机抽样理论的基础之上的。统计判别法要舍弃的坏值的数目，相对于子样的容量是极少数。如果需舍弃的异常数据较多，那就要对测定的正确性提出怀疑了。

主要介绍两种统计判别法的准则，拉依达准则和格拉布斯准则。

1. 拉依达准则

拉依达准则又可称为 3σ 准则。根据拉依达准则，在一组等精度独立测定值 $x_1, x_2, \cdots, x_n$ 中，若某个值 x_d 的偏差 $(x_d - \bar{x})$ 的绝对值大于三倍标准差，即

$$|x_d - \bar{x}| > 3\sigma \tag{3-38}$$

则可以认为 x_d 是坏值，需舍弃之。

3σ 又称最大可能误差。根据随机误差的正态分布理论，误差的绝对值大于三倍的标准差的概率只有 0.3%，根据"小概率事件在一次测定中实际上不可能发生"的原理，偏差的绝对值大于三倍标准差的误差已不属于随机误差，而是系统误差或粗大误差，这也是判断某个测定值的误差是系统误差还是随机误差的根据。

在实际判断中，只要可疑数据 x_d 在区间 $(\bar{x} - 3\sigma, \bar{x} + 3\sigma)$ 以外，则舍弃 x_d。

拉依达准则使用方便，无须查表，当测定次数较多，即子样容量较大时，或对检验的要求不高时，可以应用它。但当测定次数较少时，如 $n \leqslant 10$，一组测定值中即使有坏值也无法剔除。故当要求较高时，可用 2σ 准则，但当测定次数在 5 以内时，也无法剔除测定值中混入的坏值。

2. 格拉布斯准则

考虑到置信概率（置信度），格拉布斯严格地推导出，若

$$|x_d - \bar{x}| > G_{\alpha,n} \cdot \sigma \tag{3-39}$$

或等价地有，若 x_d 落在区间 $(\bar{x} - G_{\alpha,n} \cdot \sigma, \ \bar{x} + G_{\alpha,n} \cdot \sigma)$ 以外，则可认为 x_d 是坏值，应舍弃它。$G_{\alpha,n}$ 取决于子样容量 n 和小概率事件的概率 α，可从表 3-1 中查出。这里需要说明的是，查表时 α 不宜取得过小，因为 α 值小，固然将不是坏值的数据错判为坏值的概率减小了，但反过来，这就意味着将确实混入的坏值判定为不是坏值，从而犯错误的概率增大了。在用格拉布斯准则时，通常取 α=0.05。

表 3-1　格拉布斯 $G_{\alpha,n}$ 数值表

n \ α	0.01	0.05	n \ α	0.01	0.05	n \ α	0.01	0.05
3	1.15	1.15	12	2.55	2.29	21	2.91	2.58
4	1.49	1.46	13	2.61	2.33	22	2.94	2.60
5	1.75	1.67	14	2.66	2.37	23	2.96	2.62
6	1.94	1.82	15	2.70	2.41	24	2.99	2.64
7	2.10	1.94	16	2.74	2.44	25	3.01	2.66
8	2.22	2.03	17	2.78	2.47	30	3.10	2.74
9	2.32	2.11	18	2.82	2.50	35	3.18	2.81
10	2.41	2.18	19	2.85	2.53	40	3.24	2.87
11	2.48	2.24	20	2.88	2.56	50	3.34	2.96

在处理异常数据取舍时，除以上三种判别方法外，还有狄克逊(Dixon)准则、T 检验准则等，这里不一一介绍。感兴趣者可参阅有关专著。

在所有的处理异常数据的判别方法中，格拉布斯准则给出了较严格的结果，概率意义明确。因此，在处理异常数据取舍时，最好用格拉布斯准则。

应当着重指出，用统计判别法舍弃一些原因不明的异常数据时，不能保证绝对不犯错误，一个明显的危险是有些重要的效应可能被掩盖掉了。在实验科学史中，许多"意料不到的"或异常的结果，后来被证明是非常有意义的。当欧内斯特·卢瑟福(Ernest Rutherford)的学生盖革(Geiger)和马斯顿(Marsden)首先用 α 粒子轰击金箔时，在所观测的事例中，有很小一部分存在异常大的散射。如果把这些数据舍弃了，那么势必失去了发现原子核的机会。类似的例子还有很多。那么统计判别法可不可用呢？在一般的实验中，是可以用统计判别法处理异常数据的，而在重要的、较严格的实验中，特别是需要舍弃的异常数据较多时，一般不轻易采用。只有在这种情况下，即有很大的把握产生较大的偏差或出现异常数据，是其他原因引起的可能性比暂时未发现的真正效应的可能性更大，这时才可以采用。

3.4.2　实验数据的表示

在对实验数据进行误差分析整理、剔除错误数据和分析各个因素对实验结果的影响后，还要将实验所获得的数据进行归纳整理，用图形、表格或经验公式加以表示，以找出研究事物的各因素之间相互影响的规律，为得到正确的结论提供可靠的信息。

常用的实验数据表示方法有列表法、作图法和公式法。

1. 列表法

列表法是将一组实验数据中的自变量、因变量的各个数值依一定的形式和顺序一一对应列出来，借以反映各变量之间的关系。

列表法简明紧凑、便于比较，一直广泛应用。特别是近年来计算机办公软件，如 Word、Excel 等的普及使用，方便了表格排序、删除添加，以及表格运算，使列表法使用更方便、更普及。使用列表法表示数据的方法如下。

(1) 为表格起一个简明准确的名字，并将这个表名置于表的上面。同时将表格的顺序号放在表名的前面。

(2) 根据需要合理选择表中所列项目。项目过少，表的信息量不足。但是如果把不必要的项目都列进去，项目过多，表格制作和使用都不方便。

(3) 表中的项目要包括名称和单位，并尽量采用符号表示。

(4) 表中的主项代表自变量，副项代表因变量。

(5) 数字的写法应整齐、统一。同一竖行的数字，小数点要上下对齐。数字为零时，要保证有效数字的位数。

(6) 变量一般取整数或其他比较方便的数值，按递增或递减顺序排列。因变量的数值要注意有效位数的选择能够反映实验数据本身的误差。

(7) 必要的时候，可在表下加附注说明数据来源和表中无法反映的需要说明的其他问题。

2. 作图法

作图法形象直观，也是人们经常采用的一种数据表示方法。作图法有直角坐标法、单对数坐标法、双对数坐标法、三角坐标法、极坐标法及立体坐标法。近年来计算机办公软件(如 Word、Excel 等)为作图提供了极大的方便，也丰富了作图法的形式。使用作图法表示数据的方法如下。

(1) 为所做的图起一个简明准确的名字，并将这个图名置于图的下面。

(2) 一般情况下横坐标代表自变量，纵坐标代表因变量。坐标轴的刻度选择 1、2、4、5 比较方便，避免使用 3、6、7、9 等。

(3) 坐标轴的起点不一定是零，一般要考虑使图形占据坐标的主要位置，然后据此选择坐标轴的起点。

(4) 每个坐标轴都要注明名称和单位，并尽量采用符号表示。

(5) 一般应使坐标的最小分格对应于实验数据的精确度。

(6) 在可能的情况下，将变量甲乙变换，使图形变为直线或近似直线。

(7) 在可能的情况下，最好在图中给出数据的误差范围。

(8) 如果数据过少，不足以确定自变量和因变量的关系，最好将各点用直线连接。当数据足够多时，可描出光滑连续曲线，不必通过所有的数据点，但是应尽量使曲线与所有数据点相接近。

(9) 必要的时候，可在图下加附注说明数据来源和表中无法反映的需要说明的其他问题。

3. 公式法

在科学研究中，常常希望用一个公式来描述数据的变化。这一方面，可以描述数据变化的规律，从而帮助我们认识事物的变化本质；另一方面，可以依据公式方便地获得实验以外的数据。

采用公式描述数据的变化，往往是通过对事物规律已有的认识或经验和解析几何原理来推测公式应有的形式，然后依据实验数据求解公式中未知的常数项。

经验公式法有图解法、选点法、平均法、最小二乘法等，其中最常用的是图解法和最小二乘法。前者简单直观，但是一般需要先将公式化为直线关系，这部分内容将在后面详细介绍；后者在高等数学中已有介绍。

第4章 热工参数测试常用仪表

4.1 压力测量仪表及使用方法

压力是重要的热工参数之一。压力是指垂直作用在单位面积上的力。由于地球表面存在大气压力，物体受压的情况也各有不同，不同场合下的压力有不同的表示方法。对于运动流体，根据测量所取的面，可分为总压力、静压力、动压力；根据测量要求，按零标准的方法，可分为绝对压力、表压力、差压力等。

由于依据的测压原理不同，可以把测量压力的仪表分为如下四类。

(1)液柱式压力计。它是依据重力与被测压力平衡的原理制成的，可将被测压力转换为液柱的高度差进行测量，如 U 形管压力计、单管压力计、斜管压力计补偿式压力计、自动液柱式压力计等。

(2)弹性式压力计。它是依据弹性力与被测压力平衡的原理制成的，弹性元件感受压力后会产生弹性变形，形成弹性力，当弹性力与被测压力相平衡时，弹性元件变形量反映了被测压力。据此原理工作的各种弹性式压力计在工业上得到了广泛的应用，如弹簧管压力计、波纹管压力计以及膜盒压力计等。

(3)电气式压力计。它是利用一些物质与压力有关的物理性质进行测压的。一些物质受压后，它的某些物理性质会发生变化，通过测量这种变化就能测量出压力。据此原理制造出的各种压力传感器往往具有精度高、体积小、动态特性好等优点，成为近年来压力测量的一个主要发展方向。常用的压力传感器有电阻式压力传感器、电容式压力传感器、压电式压力传感器、电感式压力传感器、霍尔式压力传感器等。

(4)负荷式压力计。它是基于流体静力学平衡原理和帕斯卡定律进行压力测量的，典型仪表主要有活塞式、浮球式和钟罩式三大类。它普遍用作标准仪器对压力检测仪表进行标定。

部分压力测量仪表分类及性能特点见表4-1。

表4-1　部分压力测量仪表分类及性能特点

类别	压力表形式	测压范围/kPa	准确度等级	输出信号	性能特点
液柱式	U 形管	$-10\sim10$	0.2，0.5	液柱高度差	用作实验室低、微压和负压测量
	补偿式	$-2.5\sim2.5$	0.02，0.1	旋转刻度	用作微压基准仪器
	自动液柱式	$-10^2\sim10^2$	$0.005\sim0.01$	自动计数	用光、电信号自动跟踪液面，用作压力基准仪器
弹性式	弹簧管	$-10^2\sim10^6$	$0.1\sim4.0$	位移、转角或力	直接安装，用作就地测量或校验
	膜片	$-10^2\sim10^3$	1.5，2.5		用于腐蚀性、高黏度介质测量
	膜盒	$-10^2\sim10^2$	$1.0\sim2.5$		用于微压的测量与控制
	波纹管	$0\sim10^2$	1.5，2.5		用于生产过程低压的测控

类别	压力表形式	测压范围/kPa	准确度等级	输出信号	性能特点
电气式	电阻式	$-10^2 \sim 10^4$	1.0，1.5	电压、电流	结构简单，灵敏度高，测量范围广，频率响应快，受环境温度影响大
	电感式	$0 \sim 10^5$	$0.2 \sim 1.5$	电压、电流	环境要求低，信号处理灵活
	电容式	$0 \sim 10^4$	$0.05 \sim 0.5$	电压、电流	动态响应快，灵敏度高，易受干扰
	压电式	$0 \sim 10^4$	$0.1 \sim 1.0$	电压	响应速度快，多用于测量脉动压力
	霍尔式	$0 \sim 10^4$	$0.5 \sim 1.5$	电流	灵敏度高，易受干扰
	振频式	$0 \sim 10^4$	$0.05 \sim 0.5$	频率	性能稳定、准确度高
负荷式	活塞式	$0 \sim 10^6$	$0.01 \sim 0.1$	砝码负荷	结构简单、坚实，准确度极高，广泛用作压力基准器
	浮球式	$0 \sim 10^4$	0.02，0.05		

4.1.1 液柱式压力计

液柱式压力计是根据流体静力学原理，利用液柱所产生的压力与被测压力平衡，并根据液柱高度差来确定被测压力的压力计。所用液体称为封液，常用的有水、酒精、水银等。液柱式压力计多用于测量低压、负压和压力差。常用的液柱式压力计有 U 形管压力计、单管压力计和斜管压力计。它们的结构形式如图 4-1 所示。

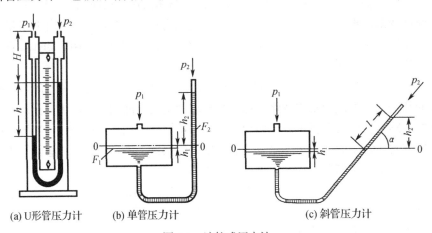

(a) U形管压力计　　(b) 单管压力计　　(c) 斜管压力计

图 4-1　液柱式压力计

1. U 形管压力计

U 形管压力计如图 4-1(a) 所示，在 U 形管压力计两端接通压力 p_1、p_2，则 p_1、p_2 与封液液柱高度差 h 间有如下关系：

$$p_1 - p_2 = gh(\rho - \rho_1) + gH(\rho_2 - \rho_1) \tag{4-1}$$

式中，ρ_1、ρ_2、ρ 为左右两侧介质及封液密度；H 为右侧介质高度；g 为重力加速度。

当 $\rho_1 \approx \rho_2$ 时，式 (4-1) 式可简化为

$$p_1 - p_2 = gh(\rho - \rho_1) \tag{4-2}$$

若 $\rho_1 \approx \rho_2$，且 $\rho \gg \rho_1$，则

$$p_1 - p_2 = gh\rho \tag{4-3}$$

由式(4-3)可知，当 U 形管内封液密度一定并已知时，液柱高度差 h 反映了压力。这就是 U 形管压力计测量压力的基本工作原理。

根据被测压力的大小及要求，其封液可采用水或水银，有时为了避免细玻璃管中的毛细管作用，其封液也可选用酒精或苯。U 形管压力计的测压不超过 0.2MPa。

2. 单管压力计

单管压力计如图 4-1(b)所示。其两侧压力差为

$$\Delta p = p_1 - p_2 = g(\rho - \rho_1)(1 + F_2 / F_1)h_2 \tag{4-4}$$

式中，F_1、F_2 分别为容器和单管的截面积；h_2 为封液液柱高度差。

若 $F_1 \gg F_2$，且 $\rho \gg \rho_1$，则

$$p_1 - p_2 = g\rho h_2 \tag{4-5}$$

3. 斜管压力计

斜管压力计如图 4-1(c)所示。当宽口容器的横截面积远远大于斜管的横截面积时，斜管压力计两侧压力 p_1、p_2 和液柱长度 l 的关系可近似表示为

$$p_1 - p_2 = g\rho l \sin\alpha \tag{4-6}$$

式中，α 为斜管的倾斜角度；l 为液柱长度。

从式(4-6)可以看出，斜管压力计的刻度是 U 形管压力计的刻度的 $1/\sin\alpha$ 倍。若采用酒精作为封液，则更便于测量微压，一般这种斜管压力计适于测量 2~2000Pa 的压力。

4. 液柱式压力计的测量误差及其修正

在实际使用时，很多因素都影响液柱式压力计的测量精度，对某一具体测量问题，有些影响因素可以忽略，有些必须加以修正。

1) 环境温度变化的修正

当环境温度偏离规定温度时，封液密度、标尺长度都会发生变化，由于封液的体膨胀系数比标尺的线膨胀系数大 1~2 个数量级，对于一般的工业测量，主要考虑温度变化引起的封液密度变化对压力测量的影响，精密测量时还需要对标尺长度变化的影响进行修正。

环境温度偏离规定温度 20℃后，封液密度改变对压力计读数影响的修正公式为

$$h_{20} = h[1 - \beta(t - 20)] \tag{4-7}$$

式中，h_{20} 为 20℃时封液液柱高度差；h 为温度 t 时封液液柱高度差；β 为封液的体膨胀系数；t 为测量时的实际温度，℃。

2) 重力加速度变化的修正

仪器使用地点的重力加速度 g_ϕ 由式(4-8)计算：

$$g_\phi = \frac{g_N [1 - 0.00265 \cos(2\phi)]}{1 + 2H / R} \tag{4-8}$$

式中，H、ϕ 为使用地点海拔(m)和纬度(°)；g_N 为 9.80665m/s²，标准重力加速度；R 为 6356766m，地球的公称半径。

$$h_N = h_\phi g_\phi / g_N \tag{4-9}$$

式中，h_N 为标准地点封液液柱高度；h_ϕ 为测量地点封液液柱高度。

3) 毛细现象造成的误差

毛细现象使封液表面形成弯月面，这不仅会引起读数误差，而且会引起液柱的升高或降低。这种误差与封液的表面张力、管径、管内壁的洁净度等因素有关，难以精确得到。实际应用时，常常通过加大管径来减少毛细现象的影响。当封液为酒精时，管子内径 $d \geqslant 3$mm；当封液为水、水银时，$d \geqslant 8$mm。

此外液柱式压力计还存在刻度、读数、安装等方面的误差。读数时，眼睛应与封液弯月面的最高点或最低点持平，并沿切线方向读数。U 形管压力计和单管压力计都要求垂直安装，否则将带来较大误差。

4.1.2　弹性式压力计

弹性式压力计以各种形式的弹性元件受压后产生的弹性变形作为测量的基础。常用的弹性元件有弹簧管、膜片(或膜盒)和波纹管，相应的有弹簧管压力计、膜式压力计和波纹管压力计。弹性元件变形产生的位移较小，往往需要把它变换为指针的角位移或电信号、气信号，以便显示压力。

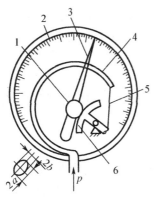

图 4-2　弹簧管压力计
1-小齿轮；2-刻度盘；3-指针；
4-弹簧管；5-拉杆；6-扇形齿轮

1. 弹簧管压力计

弹簧管是弹簧管压力计的主要测压元件。弹簧管的横截面呈椭圆形或扁圆形，是一根空心的金属管，其一端封闭为自由端，另一端固定在仪表的外壳上，并与被测介质相通的管接头连接，如图 4-2 所示。当具有压力的介质进入管的内腔后，由于弹簧管的横截面是椭圆形或扁圆形的，在压力的作用下它会发生变形。短轴方向的内表面积比长轴方向的大，因而受力也大，当管内压力比管外大时，短轴要变长些，长轴要变短些，管子截面趋于圆，产生弹性变形，使弯成圆弧状的弹簧管向外伸张，在自由端产生位移。此位移经杆系和齿轮机构带动指针，指出相应的压力值。

单圈弹簧管压力计的自由端的位移量不能太大，一般不超过 5mm。测压为 0.03～1000MPa，也可用来测量真空度。为了提高弹簧管的灵敏度，增加自由端的位移量，可采用盘旋弹簧管或螺旋形弹簧管。

2. 膜式压力计

膜式压力计分为膜片压力计和膜盒压力计两种。前者主要用于测量腐蚀性介质或非凝固、非结晶的黏性介质的压力；后者常用于测量气体的微压或负压。它们的敏感元件分别是膜片和膜盒，膜片和膜盒的形状如图 4-3 所示。

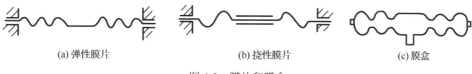

(a) 弹性膜片　　　　　　　　(b) 挠性膜片　　　　　　　　(c) 膜盒

图 4-3　膜片和膜盒

1) 膜片压力计

膜片压力计的膜片可分为弹性膜片和挠性膜片两种。膜片呈圆形，一般由金属制成，常用的弹性波纹膜片是一种压有环状同心波纹的圆形薄片，它的四周被固定起来。通入压力后，膜片将向压力低的一面弯曲，其中心产生一定的位移(即挠度)，通过传动机构带动指针转动，指示出被测压力。其挠度与压力的关系主要由波纹形状、数目、深度和膜片的厚度、直径决定，而边缘部分的波纹情况则基本上决定了膜片的特性，中部波纹的影响很小。挠性膜片只起隔离被测介质的作用，它本身几乎没有弹性，是由固定在膜片上的弹簧来平衡被测压力的。膜片压力计适用于 $0 \sim 6 \times 10^6 \mathrm{Pa}$ 的压力测量。

2) 膜盒压力计

为了增大膜片的位移量以提高灵敏度，可以把两片金属膜片的周边焊接在一起，形成膜盒。也可以把多个膜盒串接在一起，形成膜盒组。图 4-4 为膜盒压力计的结构示意图。其传动机构和显示装置在原理上与弹簧管压力计基本相同。膜盒压力计适用于 $-4 \times 10^4 \sim 4 \times 10^4 \mathrm{Pa}$ 的压力测量。

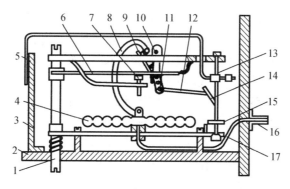

图 4-4　膜盒压力计结构图

1-调零螺杆；2-机座；3-刻度板；4-膜盒；5-指针；6-调零板；7-限位螺钉；8-弧形连杆；
9-双金属片；10-轴；11-杠杆架；12-连杆；13-指针轴；14-杠杆；15-游丝；16-管接头；17-导压管

3. 波纹管压力计

波纹管是外周沿轴向有深槽形波纹状褶皱，可沿轴向伸缩的薄壁管子，其外形如图 4-5 所示。它受压时的线性输出范围比受拉时的大，故常在压缩状态下使用。为了改善仪表性能，提高测量精度，便于改变仪表量程，实际应用时波纹管常和刚度比它大几倍的弹簧结合起来使用。

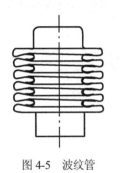

图 4-5　波纹管

波纹管压力计以波纹管为感压元件来测量压差信号，有单波纹管压力计和双波纹管压力计两种。

4. 弹性式压力计的误差及改善途径

1) 弹性式压力计的误差来源

(1) 迟滞误差。相同压力下，同一弹性元件正反行程的变形量不一样，产生迟滞误差。

(2) 后效误差。弹性元件的变形落后于被测压力的变化，引起后效误差。

(3) 间隙误差。仪表的各种活动部件之间有间隙，示值与弹性元件的变形不可能完全对应，引起间隙误差。

(4) 摩擦误差。仪表的活动部件运动时，相互间存在摩擦力，产生摩擦误差。

(5) 温度误差。环境温度的变化会引起金属材料弹性模量的变化，造成温度误差。

2) 提高弹性压力计精度的主要途径

(1) 用无迟滞误差或迟滞误差极小的"全弹性"材料和温度误差很小的"恒弹性"材料制造弹性元件。

(2) 采用新的转换技术，减少或取消中间传动机构，以减少间隙误差和摩擦误差。

(3) 限制弹性元件的位移量，采用无干摩擦的弹性支承或磁悬浮支承等。

(4) 采用合适的制造工艺，使材料的优良性能得到充分的发挥。

4.1.3　电气式压力计

电气式压力计通常是将压力的变化转换为电阻、电感或电势等电量的变化，构成各种压力传感器。由于它输出的是电量，便于信号远传，尤其是便于与计算机连接组成数据自动采集系统，得到了广泛的应用，极大地推进了实验技术的发展。在测量快速变化的压力及高真空、超高压等场合，大多采用电气式压力计。

电气式压力计的种类很多，分类方式也不尽相同。从压力转换成电量的途径来看，可分为电阻式压力传感器、电容式压力传感器、电感式压力传感器等。从压力对电量的控制方式来看，可以分为主动式压力传感器和被动式压力传感器两大类，主动式压力传感器是压力直接通过各种物理效应转化为电量的输出；被动式压力传感器则必须从外界输入电能，而电能又被所测量的压力以某种方式所控制。

1. 电阻式压力传感器

电阻式压力传感器的基本原理是将被测的压力变化转变为电阻值的变化，再经相应的测量电路显示或记录被测压力的数值。根据欧姆定律，电阻丝的电阻值 R 为

$$R = \rho \frac{l}{A} \tag{4-10}$$

式中，ρ 为电阻丝的电阻率；l 为电阻丝的长度；A 为电阻丝的截面积。

当被测压力作用于电阻丝时，将导致上述参数的变化，进而引起电阻值的变化。根据变

化参数的不同，可制成不同类型的电阻式压力传感器。若三个参数均改变，则可制成电阻应变片式压力传感器；若只改变电阻率，则可制成压阻式压力传感器；若只改变电阻丝的长度，则可制成变阻式压力传感器。

1）电阻应变片式压力传感器

被测压力作用于弹性敏感元件上，使它产生变形，在其变形的部位粘贴电阻应变片，电阻应变片感受被测压力的变化，按这种原理设计的传感器称为电阻应变片式压力传感器。其基本工作原理是电阻的应变效应。

2）压阻式压力传感器

半导体材料受到应力作用时，其电阻率会发生变化，这种现象称为压阻效应。实际上，任何材料都不同程度地呈现压阻效应，但半导体材料的这种效应特别强。

压阻式压力传感器有两种类型：一类是利用半导体材料的特性制成粘贴式的应变片，制作半导体应变式压力传感器，其使用方法与电阻应变片式压力传感器类似；另一类是在半导体材料的基片上用集成电路工艺制成扩散电阻，作为测量传感元件，也称为扩散型压阻式压力传感器。

压阻式压力传感器灵敏度非常高，有时传感器的输出无须放大，可直接用于测量；分辨率高，可测出 $10\sim20\text{Pa}$ 的微压；由于测量元件的有效面积可做得很小，频率响应高。其最大的缺点是温度误差大，故需温度补偿或在恒温环境下使用。

2. 电感式压力传感器

1）电感式压力传感器工作原理

电感式压力传感器以电磁感应原理为基础，利用磁性材料和空气的磁导率不同，把弹性元件的位移量转换为电路中电感量的变化或互感量的变化，再通过测量线路转变为相应的电流或电压信号。

图 4-6（a）为气隙式电感式压力传感器的原理示意图。线圈 2 由恒定的交流电源供电后产生磁场，衔铁 1、铁心 3 和气隙组成闭合磁路，由于气隙的磁阻比铁心和衔铁的磁阻大得多，线圈的电感量 L 可表示为

$$L = \frac{W^2 \mu_0 S}{2\delta} \tag{4-11}$$

式中，W 为线圈的匝数；μ_0 为空气的磁导率；S 为气隙的截面积；δ 为气隙的宽度。

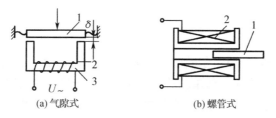

(a) 气隙式　　　　　　　(b) 螺管式

图 4-6　电感式压力传感器原理示意图
1-衔铁；2-线圈；3-铁心

弹性元件与衔铁相连，弹性元件感受压力产生位移，使气隙宽度 δ 产生变化，从而使电感量 L 发生变化。

当弹性元件的位移较大时，可采用如图 4-6(b)所示的螺管式电感式压力传感器。它由绕在骨架上的线圈 2 和可沿线圈轴向移动并和弹性元件相连的铁心 1 组成。它实质上是一个调感线圈。

上述传感器虽然结构简单，但存在驱动衔铁或铁心的力较大、线圈电阻的温度误差不易补偿等缺点，所以实际应用较少，而往往采用如图 4-7 所示的差动式电感式压力传感器。

2)差动式电感式压力传感器

两个完全对称的简单电感式压力传感器共用一个活动衔铁便构成了差动式电感式压力传感器。图 4-7 为 E 形差动式电感式压力传感器的原理图，该传感器的特点是磁路系统 Ⅰ 与 Ⅱ 的导磁体的几何尺寸完全相同，上下两个线圈的电气参数(即线圈的电阻、电感、匝数)也完全一致，初始气隙宽度为 $\delta_1 = \delta_2 = \delta_0$，当衔铁受压有 $\Delta\delta$ 变化，即磁路 Ⅰ 气隙宽度变成 $\delta_0 + \Delta\delta$ 时，而磁路 Ⅱ 气隙宽度变为 $\delta_0 - \Delta\delta$，它们的电感分别为

$$L_1 = \frac{W^2 \mu_0 S_0}{2(\delta_0 + \Delta\delta)} \tag{4-12}$$

$$L_2 = \frac{W^2 \mu_0 S_0}{2(\delta_0 - \Delta\delta)} \tag{4-13}$$

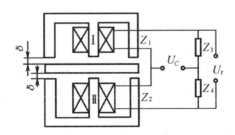

图 4-7　差动式电感式压力传感器原理

电感式压力传感器的特点是灵敏度高、输出功率大、结构简单、工作可靠，但不适合于测量高频脉动压力，且较笨重。精度一般为 0.5~1 级。

外界工作条件的变化和内部结构特性的影响是电感式压力传感器产生测量误差的主要原因，如环境温度变化，电源电压和频率的波动，线圈的电气参数、几何参数不对称，导磁材料的不对称、不均质等。

3. 霍尔式压力传感器

霍尔式压力传感器是利用霍尔效应把压力引起的弹性元件的位移转换成电势输出的装置。如图 4-8 所示，把一个半导体单晶薄片放在磁感应强度为 B 的磁场中，在它的两个端面上通以电流 I，则在它的另两个端面上产生电势 U_H，这种物理现象称为霍尔效应。电势 U_H 称为霍尔电势；电流 I 称为控制电流；能产生霍尔效应的片子称为霍尔元件。电荷在磁场中运动，受磁场力 F 作用而发生偏移，是霍尔效应产生的原因。

霍尔电势可表示为

$$U_{\mathrm{H}} = \frac{R_{\mathrm{H}} IB}{d} = K_{\mathrm{H}} IB \qquad (4\text{-}14)$$

式中，R_{H} 为霍尔系数；d 为霍尔元件厚度；K_{H} 为霍尔元件的灵敏度。

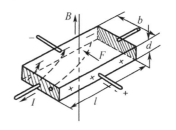

图 4-8　霍尔效应示意图

　　图 4-9 为霍尔式压力传感器的结构示意图，它主要由弹性元件、霍尔元件和一对永久磁钢构成。这对磁钢的磁场强度相同而异极相对，它们之间在一定范围内形成一个磁感应强度 B 沿 x 方向线性变化的非均匀磁场，如图 4-10 所示。工作时，控制电流 I 为恒值，霍尔元件在此磁场中移动，在不同位置将感受到不同的磁感应强度，其输出电势只随其位置不同而改变。当被测压力为零时，霍尔元件处于非均匀磁场的正中，其输出电势为零；当被测压力不为零的时候，霍尔元件被弹性元件带动偏离中间位置，则有正比于位移的电势输出。若弹性元件的位移与被测压力成正比，则传感器的输出电势也与被测压力成正比。

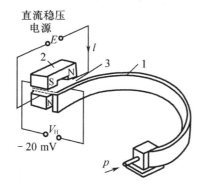

图 4-9　霍尔式压力传感器结构

1-弹性元件；2-磁钢；3-霍尔元件

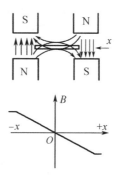

图 4-10　磁极间磁感应强度的分布

　　常用的霍尔式压力传感器的输出电势为 20～30mV，可直接用毫伏计作为指示仪表，测量精度为 1.5 级。它的优点是灵敏度较高，测量仪表简单，但测量精度受温度影响较大。在实际应用中应对霍尔元件采取恒温或其他温度补偿措施。

4. 电容式压力传感器

　　电容器的电容量由它的两个极板的大小、形状、相对位置和电介质的介电常数决定。如果一个极板固定不动，另一个极板感受压力，并随着压力的变化而改变极板间的相对位置，电容量的变化就反映了被测压力的变化。这是电容式压力传感器的基本工作原理。图 4-11 为电容式压力传感器的原理示意图。

平板电容器的电容量 C 为

$$C = \frac{\varepsilon S}{\delta} \qquad (4\text{-}15)$$

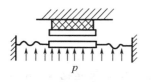

图 4-11　电容式压力传感器原理图

式中，ε 为极板间电介质的介电常数；S 为极板间的有效面积；δ 为极板间的距离。

若电容的动极板感受压力产生位移 $\Delta\delta$，则电容量将随之改变，其变化量 ΔC 为

$$\Delta C = \frac{\varepsilon S}{\delta - \Delta\delta} - \frac{\varepsilon S}{\delta} = C\frac{\Delta\delta/\delta}{1 - \Delta\delta/\delta} \tag{4-16}$$

可见，当 ε、S 确定之后，可以通过测量电容量的变化得到动极板的位移量，进而求得被测压力的变化。电容式压力传感器的工作原理正是基于以上关系。

常见的电容式压为传感器的结构形式如图 4-12 所示。

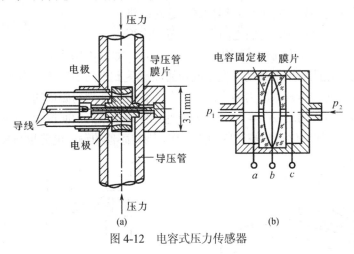

图 4-12　电容式压力传感器

5. 压电式压力传感器

压电式压力传感器是利用压电材料的压电效应，将压力信号转换为相应的电信号，经放大器、记录仪而得到被测的压力参数。能产生压电效应的材料可分为两类：一类是天然或人造的单晶体，如石英等；另一类是人造多晶体压电陶瓷，如钛酸钡等。石英晶体的性能稳定，其介电常数和压电系数的温度稳定性很好，在常温范围内几乎不随温度变化，另外，它的机械强度高，绝缘性能好，但昂贵，一般只用于精度要求很高的传感器中。压电陶瓷受力作用时，在垂直于极化方向的平面上产生电荷，其电荷量与压电系数和作用力成正比。压电陶瓷的压电系数比石英晶体大，且便宜，广泛用作传感器的压电元件。

压电式压力传感器产生的信号非常微弱，输出阻抗很高，必须经过前置放大，把微弱的信号放大，并把高输出阻抗变换成低输出阻抗，才能为一般的测量仪器接受。

压电式压力传感器不能用于静态压力测量。被测压力变化的频率太低或太高、环境温度和湿度的改变，都会改变传感器的灵敏度，造成测量误差。压电陶瓷的压电系数是逐年降低的，以压电陶瓷为压电元件的传感器应定期校正其灵敏度，以保证测量精度。电缆噪声和接地回路噪声也会造成测量误差，应设法避免。采用电压前置放大器时，测量结果受测量回路参数的影响，不能随意更换出厂配套的电缆。

4.2　温度测量仪表及使用方法

温度是反映物体冷热程度的物理参数。从分子运动论的观点看，温度是物体内部分子运动平均动能大小的标志。从这个意义上讲，温度不能直接测量，只能借助于冷热不同的物体

之间的热交换，以及物体的某些物理性质随着冷热程度不同而变化的特性，来加以间接测量。利用各种温度传感器组成多种温度测量(简称测温)仪表。

4.2.1　温度计的分类

根据测温仪表的使用方式，通常把温度计分为接触式和非接触式两大类。

1. 接触式测温仪表

由热平衡原理可知，当两个物体相接触，经过足够长的时间达到热平衡后，它们的温度必然相等。如果其中一个物体是温度计，则可以实现对另一个物体的温度测量。这种测温方式称为接触法测温，而相应的温度计称为接触式测温仪表。其特点是，温度计要与被测介质有良好的热接触，使两者达到充分的热平衡，准确度较高；但接触法测温时，感温元件要与被测介质相接触，从而破坏被测介质的热平衡状态，因此，对感温元件的结构、性能要求较高。

2. 非接触式测温仪表

利用物体的热辐射能随温度变化的原理测定物体温度，这种测温方式称为非接触法测温，相应的温度计称为非接触式测温仪表。其特点是，温度计不与被测介质相接触，从而对被测介质的温度分布没有影响，热惯性小。该测量仪表通常用于高温或移动的物体的温度测量。

表 4-2 列出各种温度计的详细分类和适用范围。

表 4-2　温度计分类及适用范围

温度计分类				适用范围	精度
接触式	膨胀式	固体膨胀	双金属温度计	−80～550℃	0.5～5℃
		液体膨胀	水银温度计	−80～600℃	0.5～5℃
			有机液体温度计	−200～200℃	1～4℃
		压力式	气体温度计	−270～500℃	0.001～1℃
			蒸气压温度计	−20～350℃	0.5～5℃
			液体温度计	−30～600℃	0.5～5℃
	电阻式	金属	铂电阻温度计	−260～850℃	0.001～5℃
			铜电阻温度计	−50～150℃	$(0.3\%～0.35\%)t$
			镍电阻温度计	−60～180℃	$(0.4\%±0.7\%)t$
			铑铁电阻温度计	0.5～300K	0.001～0.01K
		半导体	锗电阻温度计	0.5～30K	0.002～0.02K
			碳电阻温度计	0.01～70K	0.01K
			热敏电阻温度计	−50～350℃	0.3～5℃
	热电偶	金属	铜-康铜温度计	−200～400℃	$(0.5\%±1.5\%)t$
			铂铑-铂温度计	−0～1800℃	0.2～9℃
			镍铬-考铜温度计	0～800℃	$1\%t$
			镍铬-镍硅(镍铝)温度计	−200～1300℃	1.5～10℃
		非金属	碳化硼-石墨温度计	600～2200℃	$0.75\%t$
非接触式	辐射式		全辐射高温计	700～2000℃	
			单色光学高温计	800～2000℃	
			比色高温计	800～2000℃	
			红外测温仪	100～700℃	

4.2.2　热电偶温度计

热电偶是目前在科研和生产过程中进行温度测量时应用最普通、最广泛的测量元件。它是利用不同导体间的热电效应制成的，具有结构简单、制作方便、测量范围宽、应用范围广、准确度高、热惯性小等优点，且能直接输出电信号，便于信号的传输、自动记录和自动控制。

1. 热电偶的测温原理

当两种不同性质的导体或半导体材料相互接触时，由于两种材料内部电子密度不同，如果材料 A 的电子密度大于材料 B，则会有一部分电子从 A 扩散到 B，使得 A 失去电子而呈正电位，B 获得电子而呈负电位，最终形成由 A 向 B 的静电场。静电场的作用又阻止电子进一步地由 A 向 B 扩散。当扩散力和电场力达到平衡时，材料 A 和 B 之间就建立起一个固定的电动势。其电动势称为接触电势。理论上已证明该接触电势的大小及方向主要取决于两种材料的性质和接触面的温度。

接触电势的大小只与接触点的温度以及材料 A 和 B 的电子密度有关。温度越高，接触电势越大；两种材料电子密度比值越大，接触电势也越大。

当热电偶用于测量温度时，总是把两个接点之一放置于被测温度为 T 的介质中，习惯上把这个接点称为热电偶的热端或测量端。让热电偶的另一接点处于已知恒定温度 T_0 条件下，此连接点称为热电偶的冷端或参比端。

通常是将热电偶的冷端温度保持为零摄氏度，通过实验将所得的实验数据制作成关系表格，即各种标准热电偶的分度表。

2. 热电偶的校准和误差

1) 热电偶的校准

热电偶经过一段时间使用后，由于高温挥发、氧化、腐蚀污染、晶粒组织变化等，热电特性发生变化，会产生测量误差。有时此测量误差会超过允许范围。为了保证测量精度，必须定期对热电偶进行检定或校准。

热电偶的校准方法有比较法和定点法两种，应用较多的是比较法。

比较法是用被校热电偶和标准热电偶测量同一对象的温度，然后比较两者示值，以确定被校热电偶的基本误差。这种方法的基本要求是具有一个均匀的温度场，使标准热电偶和被校热电偶感受到相同温度。均匀的温度场沿热电偶电极方向应有足够的长度，以使沿热电极方向的导热误差可以忽略。工业和实验室常采用管状炉作为检定热电偶的基本装置，为了保证管状炉内有足够长的等温区域，要求管状炉的内腔长度与直径之比至少为 20∶1。为使被校热电偶与标准热电偶的热端处于同一温度环境中，可在管状炉的恒温区放置一个镍块，在镍块上钻有孔，把热电偶的热端插入其中，进行比较测量。校准系统见图 4-13。

2) 热电偶的测温误差

工业测温用热电偶一般都带有保护套管，此外还有补偿导线、冷端补偿器及显示仪表等，从而组成热电偶测温系统。热电偶的测温误差一般包括以下五个方面。

(1) 分度误差。分度误差是指检定时产生的误差，其值不得超过允许误差。

热电偶按照规定条件使用时，其分度误差的影响并不是主要的。但在热电偶长时间使用过程中，各种原因导致其热电特性发生变化，会造成较大的测量误差，所以应注意对热电偶按时进行检定和校准。

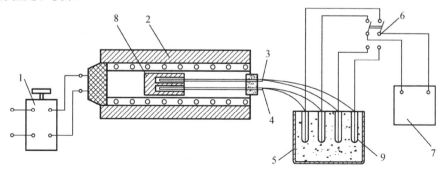

图 4-13　热电偶校准系统图

1-调压变压器；2-管式电炉；3-标准热电偶；4-被检热电偶；
5-冰点槽；6-切换开关；7-直流电位差计；8-镍块；9-试管

(2) 冷端温度引起的误差。用直流电位差计或动圈式仪表作为测温显示仪表时，通常采用冷端补偿器来补偿冷端温度的变化。但只能在个别点上得到完全补偿，因而在其他工作点上将引起误差。

(3) 补偿导线的误差。补偿导线和热电偶之间的热电特性不完全相同，从而造成误差。尤其是在补偿导线的工作温度超过使用范围时，测量误差将显著增加。

(4) 热交换所引起的误差。根据热平衡的基本原理，热电偶测温时，必须保持它与被测介质的热平衡，才能达到准确测温的目的。然而，在实际测量中，由于热惯性的存在，难以真正达到热平衡，尤其是在动态测量中更为明显。加上热电偶向周围环境的导热损失，造成了热电偶热端与被测介质之间的温度误差。

(5) 测量线路和显示仪表的误差。如果热电偶配接的是动圈式仪表，则要求外线路总电阻是固定的。但在测量过程中，热电偶及连接导线的电阻是变化的，导致回路总电阻也是变化的，从而产生测温误差。同时显示仪表本身精度等级的限制也会产生测量误差。

4.2.3　膨胀式温度计

大多数固体和液体当温度升高时都会膨胀。利用这一物理效应可制成膨胀式温度计，它指示温度的方法是直接观测膨胀量，或者通过传动机构检测它并取得温度信号。膨胀式温度计分为固体膨胀式温度计、液体膨胀式温度计和压力式温度计三种。

1. 固体膨胀式温度计

固体膨胀式温度计利用两种线膨胀系数不同的材料制成，有杆式温度计和双金属片式温度计两种。典型的固体膨胀式温度计是双金属片式温度计，它利用线膨胀系数差别较大的两种金属材料制成双层片状元件，在温度变化时因弯曲变形而使其另一端有明显位移，借此带动指针构成双金属片式温度计。

2. 液体膨胀式温度计

利用液体体积随温度升高而膨胀的原理制成的温度计称为液体膨胀式温度计。最常用的

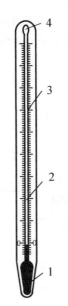

图 4-14　玻璃管液体温度计

1-玻璃温包；2-毛细管；3-刻度标尺；4-膨胀室

就是玻璃管液体温度计。

图 4-14 是玻璃管液体温度计示意图。由于液体膨胀系数比玻璃大得多，当温度增高时储存在温包里的工作液体受热膨胀而沿毛细管上升。为防止温度过高时液体胀裂玻璃管，在毛细管顶端留有一个膨胀室。

3. 压力式温度计

压力式温度计是根据封闭系统的液体或气体受热后压力变化的原理而制成的测温仪表。它由敏感元件温包、传压毛细管和弹簧管压力表组成。若给系统充以气体，如氮气，称为充气式压力式温度计，测温上限可达 500℃，压力与温度的关系接近于线性，但是温包体积大，热惯性大。若充以液体，如二甲苯、甲醇等，温包小些，测温范围分别为−40～200℃和−40～170℃，若充以低沸点的液体，其饱和蒸气压应随被测温度而变，如丙酮，用于 50～200℃。

4.2.4　电阻式温度计

电阻式温度计是利用某些导体或半导体材料的电阻值随温度变化的特性所制成的测温仪表，分为金属热电阻温度计和半导体热敏电阻温度计。

1. 电阻式温度计原理

绝大多数金属的电阻值随温度而变化，温度越高电阻越大，即具有正的电阻温度系数。大多数金属导体的电阻值 R_t 与温度 t (℃)的关系可表示为

$$R_t = R_0(1 + At + Bt^2 + Ct^3) \tag{4-17}$$

式中，R_0 为 0℃条件下的电阻值；A, B, C 为与金属材料有关的常数。

用于测温的热电阻材料应满足下述要求：①在测温范围内化学和物理性能稳定；②复现性好；③电阻温度系数大，可以得到高灵敏度；④电阻率大，可以得到小体积元件；⑤电阻温度特性尽可能接近线性；⑥价格低廉。

2. 常用热电阻元件

1) 铂热电阻

采用高纯度铂丝绕制成的铂热电阻具有测温精度高、性能稳定、复现性好、抗氧化等优点，因此在基准、实验室和工业中铂热电阻元件得到广泛应用。但其在高温下容易被还原性气氛所污染，使铂丝变脆，改变其电阻温度特性，所以需用套管保护方可使用。

2) 铜热电阻

工业上除铂热电阻广泛应用外，铜热电阻使用也很普遍。因为铜热电阻的电阻值与温度近似于呈线性关系，电阻温度系数也较大，且便宜，所以在一些测量精度要求不是很高

的情况下,常采用铜热电阻。但其在高于 100℃ 的气氛中易被氧化,故多用于测量–50～150 ℃
温度。

我国统一生产的铜电阻温度计有两种:Cu50 和 Cu100。

3) 半导体热敏电阻

用半导体热敏电阻作为感温元件来测量温度的应用日趋广泛。半导体热敏电阻温度计最
大优点是具有较大的负电阻温度系数–(3～6)%,因此灵敏度高。半导体材料电阻率比金属材
料大得多,故可制作体积小而电阻值大的电阻元件,这就使之具有热惯性小和可测量点温度
或动态温度的优越性。它的缺点是同种半导体热敏电阻的电阻温度特性分散性大,非线性严
重,元件性能不稳定,因此互换性差、精度较低。这些缺点限制了半导体热敏电阻温度计的
推广,目前还只用于一些测温要求较低的场合。但随着半导体材料和器件的发展,它将成为
一种很有前途的测温元件。

4.2.5　测温显示仪表

对于这些温度测量元件,需要配接二次仪表才能指示出所测的温度值,即测温显示仪表。

1. 配接热电偶的测温显示仪表

根据热电偶的测温原理,当冷端温度一定时,热电偶回路的热电势只是被测温度的单值
函数。因此可以在回路中加入测量热电势的仪表,通过测量热电偶回路的热电势来得到被测
温度值。常用的测量热电势的仪表有动圈式仪表、手动电位差计、自动电子电位差计和数字
式电压表等。

1) 动圈式仪表

这是一种直接变换式仪表,变换信号所需的能量是由热电势供给的。输出信号是仪表指
针相对于标尺的位置,其工作原理如图 4-15 所示。

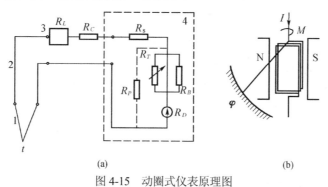

(a)　　　　　　　　　　　　　　　　　　　(b)

图 4-15　动圈式仪表原理图

1-热电偶;2-补偿导线;3-冷端补偿器;4-内部测量部分

图 4-15(a) 虚线框内是指示仪内部测量部分,其中 R_D 是一种测量微安级电流的磁电式指
示仪表。热电偶经过补偿导线、冷端补偿器和外部调整电阻 R_C 再与温度指示仪相连接。

图 4-15(b) 是磁电式指示仪表的基本原理图。当处于均匀恒定磁场中的线圈通以电流 I
时,线圈将产生转动力矩 M,在线圈几何尺寸和匝数已定的条件下,M 只与流过线圈的电
流成正比。

动圈偏转角与流过动圈的电流具有单值正比关系。

2）直流电位差计

用动圈式仪表测量热电势虽然比较方便，但电流流过总回路，会因回路电阻变化而给测温带来误差。又由于机械方面和电磁方面的因素，很难进一步提高测量精度。因此在高精度温度测量中常使用直流电位差计测量热电势。

直流电位差计是按随动平衡方式工作的，采用把被测量与已知标准量比较后的差值调节至零差的测量方法，所以当直流电位差计处于静态平衡时热电偶回路没有电流，因而对测量回路电阻值的变化没有严格的要求。

（1）手动电位差计。这是一种带积分环节的仪器，因此具有无差特性，这就决定了它可以具有很高的测量精度，工作原理见图 4-16。

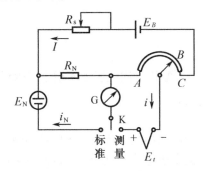

图 4-16　手动电位差计原理图

图 4-16 中的直流工作电源 E_B 是干电池或直流稳压电源，E_N 为标准电池。图中共有三个回路：①由 E_B、R_s、R_N、R_{ABC} 所组成的工作电流回路，回路的电流为 I；②由 E_N、R_N 和检流计 G 所组成的校准回路，回路电流为 i_N，其功能是调整工作电流 I 维持设计时所规定的电流值；③由 E_t、R_{AB} 和检流计 G 组成的测量回路，回路电流为 i。

当开关 K 置向"标准"位置时，校准回路工作，其电压方程为

$$E_N - IR_N = i_N(R_N + R_G + R_{E_N}) \tag{4-18}$$

式中，R_G 为检流计的内阻；R_{E_N} 为标准电池的内阻。

调整 R_s 以改变工作电流回路的工作电流 I，使检流计 G 指零，即 $i_N = 0$，则 $E_N = IR_N$，此时 I 就是电位差计所要求的工作电流值

将开关 K 置向"测量"位置，此时测量回路工作，其电压方程为

$$E_t - IR_{AB} = i(R_{AB} + R_G + R_E) \tag{4-19}$$

式中，R_E 为热电偶及连接导线的电阻。

移动电阻 R_{ABC} 的滑动点 B 使检流计 G 指零，则 $i = 0$，$E_t = IR_{AB}$。由于 I 已是精确的工作电流值，同时 R_{AB} 由刻度盘上精确地可知，E_t 的测量值也就可以相当精确地得到。

手动电位差计的高精度决定于高灵敏度的检流计、仪表内稳定和准确的各电阻值以及稳定的标准电压。常用高精度的手动电位差计最小读数可达 $0.01\mu V$。

（2）自动电子电位差计。由于手动电位差计精度高，在精密测量中显示出很大的优越性，所以广泛地应用于科学实验和计量部门中。而在工业生产过程中大多需要进行连续测量与记

录，要求既要具有较高测量精度又能连续自动记录被测温度。自动电子电位差计是较理想的一种。它的精度等级为 0.5 级，除可以自动显示和自动记录被测温度值外，还可以自动补偿热电偶的冷端温度。增加附件后还能增加参数超限自动报警、多笔记录和对被测参数进行自动控制等多种功能。

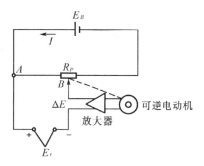

图 4-17　自动电子电位差计原理图

自动电子电位差计的基本工作原理如图 4-17 所示。它的工作电流回路和测量回路可以与手动电位差计类比，只是去掉了检流计，而用电子放大器对微小的不平衡电压进行放大，然后驱动可逆电动机通过一套机械装置自动进行电压平衡的操作，最终消除不平衡电压。因此它也是一种带积分环节具有无差特性的仪表。

图 4-17 中的 E_B 为稳压电源，恒值电流 I 流过电阻 R_P。若 R_P 上的分压 $U_{AB} = E_t$，则电子放大器的输入偏差电压 $\Delta E = E_t - U_{AB} = 0$，$R_P$ 上的滑动点 B 的位置反映了被测值 E_t。若 $U_{AB} \neq E_t$，则电子放大器的输入偏差电压 $\Delta E \neq 0$，经放大后能有足够的功率去驱动可逆电动机，并根据 $\Delta E > 0$ 或 $\Delta E < 0$ 做正向或反向转动，经机械系统带动 R_P 的滑点 B 或左或右移动，直到 E_t 和 U_{AB} 相平衡即 $\Delta E = 0$。

3）数字式电压表

热电偶所配用的数字式电压表的基本原理是把被测的模拟电压量转换为二进位制的数字量，再用数码显示器按十进位数码显示出来。其核心部件是模-数转换器，简称为 A/D 转换器。

比较适用的 A/D 转换器根据转换原理的不同可分为两种：一种为逐次逼近式 A/D 转换器；另一种为双积分式 A/D 转换器。前者因其转换速度快，在计算机数据采集与处理系统中所用的 A/D 转换器多属此类，它每转换一次所需时间为 1～100μs，最通用的约为 25μs；后者虽然转换速度较慢，每转换一次约 30ms，但其抗干扰能力较强，价格低，常用于数字式电压表中。

2．配接热电阻的测温显示仪表

电阻阻值的测量方法很多。热电阻的阻值测量习惯上多采用不平衡电桥和自动平衡电桥。

4.2.6　非接触式温度计

非接触式温度计就是利用测定物体辐射能的方法测定温度。它不与被测介质接触，不会破坏被测介质的温度场，动态响应好，因此可用于测量非稳态热力过程的温度值。此外，它的测量上限不受材料性质的影响，测温范围大，特别适用于高温测量。

非接触式温度计大致分成两类，一类是通常的光学辐射式高温计，包括单色光学高温计、光电高温计、全辐射高温计、比色高温计等；另一类是红外测温仪，包括全红外辐射型测温仪、单色红外辐射型测温仪、比色型测温仪等。简要介绍几种温度计的原理。

1．单色光学高温计

单色光学高温计是利用亮度比较取代辐射强度比较进行测温的。单色光学高温计除由黑度系数造成的测量误差外，被测物体与高温计之间的介质对辐射的吸收也会给测量结果带来误差，所以要求观测点与被测物体之间的距离不要太大，一般不超过 3m，以 1～2m 为宜。

2. 全辐射高温计

全辐射高温计是借助于测量物体全部辐射能量来确定物体温度的。

图 4-18 为全辐射高温计原理示意图。被测物体波长 $\lambda = 0 \sim \infty$ 的全辐射能量由物镜 1 聚焦经光栏 2 投射到热接收器 4 上，这种热接收器多为热电堆，热电堆结构(图 4-19)由 16 对或 8 对直径为 0.05～0.07mm 的镍铬-考铜热电偶串联而成，以得到较大的热电势。每一对热电偶的测量端焊在靶心镍箔上，冷端由考铜箔串联起来，其输出热电势由显示仪表或记录仪表读出。整个高温计机壳内壁面涂成黑色，以便减少杂光干扰并形成黑体条件。

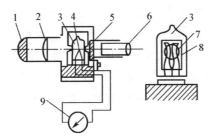
图 4-18　全辐射高温计原理图
1-物镜；2-光栏；3-玻璃泡；4-热接收器；5-灰色滤光片；
6-目镜；7-铂铑；8-云母片；9-二次仪表

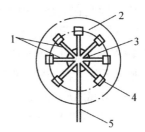
图 4-19　热电堆结构
1-热电偶；2-云母环；3-靶心；4-考铜箔；5-引出线

3. 比色高温计

比色高温计是利用两种不同波长的辐射强度的比值来测量温度的，因此又称为双色高温计。

4. 红外测温仪

图 4-20 为红外测温仪的工作原理图，它和光电高温计的工作原理有类同之处，为光学反馈式结构。被测物体 S 和参考源 R 的红外辐射，经圆盘调制器 T 调制后输送至红外敏感检测器 D。圆盘调制器 T 由同步电动机 M 所带动。红外敏感检测器 D 的输出电信号经放大器 A 和相敏整流器 K 后送至控制放大器 C，控制参考源的辐射强度。当参考源和被测物体的辐射强度一致时，参考源的加热电流代表被测温度，由指示器 I 显示出被测物体的温度值。

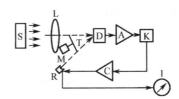
图 4-20　红外测温仪工作原理图
S-被测物体；L-光学系统；D-红外敏感检测器；A-放大器；K-相敏整流器；
C-控制放大器；R-参考源；M-同步电动机；I-指示器；T-圆盘调制器

热像仪是利用红外扫描原理来测量物体表面温度分布的，它摄取来自被测物体各部分射向仪器的红外辐射通量的分布，利用红外探测器水平扫描和垂直扫描，顺序地直接测量被测物体各部分发射出的红外辐射，综合起来就得到物体发射的红外辐射通量的分布图像，这种图像称为热像图或温度场图。

4.3　湿度测量仪表及使用方法

空气湿度是表示空气干湿程度的物理量。空气湿度是表示空气中水蒸气含量的尺度。对空气湿度的测量，也就是对空气中水蒸气含量的测量。空气湿度常用相对湿度和露点温度来表示。

1. 相对湿度

相对湿度是指空气中水蒸气的分压力与同温度下饱和水蒸气压力之比，用符号 φ 表示。相对湿度 φ 表示为

$$\varphi = \frac{p_n}{p_b} \times 100\% \tag{4-20}$$

式中，p_n 为空气中水蒸气分压力；p_b 为同温度下空气的饱和水蒸气压力。

相对湿度表征湿空气接近饱和的程度，φ 值小，说明湿空气的饱和程度小，吸收水蒸气的能力强；φ 值大，则说明湿空气的饱和程度大，吸收水蒸气的能力弱。

2. 露点温度

在一定温度下，空气中所能容纳的水蒸气含量是有限的，超过这个限度时，多余的水蒸气就由气相变成液相，这就是结露。此时的水蒸气分压力称为此温度下的饱和水蒸气压力，对应于饱和水蒸气压力的温度，称为露点温度，即空气沿等湿线冷却，最终达到饱和时所对应的温度。

空气的露点温度只与空气的含湿量有关，当含湿量不变时，露点温度也为定值，也就是空气中水蒸气分压力高，使其饱和而结露所对应的温度就高，反之亦然。因此，空气露点温度可以作为空气中水蒸气含量的一个尺度来表示空气的湿度。

目前，空气湿度测量常用的方法有以下三种：干湿球法、露点法和吸湿法。

(1)干湿球法。干湿球法是在一定条件下，通过测量空气的干球温度和湿球温度，利用焓湿图来确定空气的相对湿度。根据干湿球法制成的常用仪表有普通干湿球湿度计、自动干湿球湿度计等。

(2)露点法。露点法是通过测量空气的露点温度和干球温度，利用焓湿图来确定空气的相对湿度。根据露点法制成的常用仪表有露点湿度计、光电式露点湿度计、氯化锂露点湿度计等。

(3)吸湿法。吸湿法也称为电子式传感器法，是利用空气中的含湿量与物体的电阻或电容的关系来确定空气的相对湿度。属于吸湿法测量湿度的常用仪表有氯化锂电阻湿度计、高分子电阻湿度传感器、金属氧化物陶瓷湿度传感器以及电容式湿度传感器等。

4.3.1 干湿球法湿度测量

干湿球湿度检测是根据空气干湿球温度差效应原理进行湿度测量的。干湿球温度差效应是指在潮湿物体表面的水分蒸发而冷却的效应，冷却的程度取决于周围空气的相对湿度、大气压力以及风速。如果大气压力和风速保持不变，利用被测空气相应于湿球温度下的饱和水蒸气压力和干球温度下的水蒸气分压力之差，与干湿球温度差之间存在的数量关系确定空气的相对湿度。其数学关系为

$$p'_b - p_n = AB(t - t_s) \tag{4-21}$$

式中，p'_b 为湿球温度下饱和水蒸气压力；p_n 为干球温度下水蒸气分压力；t, t_s 为空气的干、湿球温度；A 为与风速有关的系数，当风速 $v \geqslant 2.5\text{m/s}$ 时，为一个常数；B 为大气压力。

将式(4-21)代入式(4-20)，可得相对湿度的计算公式为

$$\varphi = \left(\frac{p'_b}{p_b} - AB\frac{t - t_s}{p_b} \right) \times 100\% \tag{4-22}$$

显然，根据干湿球温度差即可由式(4-22)确定被测空气的相对湿度。干湿球温度差越大，则空气的相对湿度越小。

根据以上原理可制成普通干湿球湿度计和自动干湿球湿度计。

1. 普通干湿球湿度计

普通干湿球湿度计由两支相同的温度计组成，其中一支温度计的感温包部包有潮湿的纱布，即湿球温度计，干、湿球温度计装置在同一支架上，见图4-21。

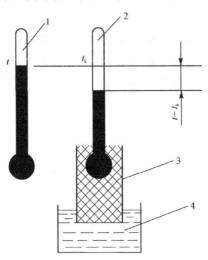

图 4-21　普通干湿球湿度计
1-干球温度计；2-湿球温度计；3-纱布；4-水

在测得干、湿球温度后，通过计算或查表或查焓湿图，便可求得被测空气的相对湿度。

2. 自动干湿球湿度计

自动干湿球湿度计是一种将湿度参数转换成电信号的仪表。它和普通干湿球湿度计的作

用原理相同。主要差别是它的干、湿球是用两支微型套管式镍电阻(或其他电阻)温度计代替膨胀式温度计，另外增加一个微型轴流通风机，以便在镍电阻周围造成恒定风速的气流，此恒定气流速度一般为 2.5m/s 以上，可以减小空气流速对测量的影响。同时，在镍电阻周围增加了气流速度，使热湿交换速度增加，因而减小了仪表的时间常数。其结构图见图 4-22。

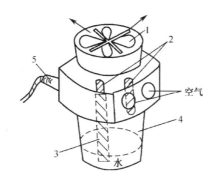

图 4-22　自动干湿球湿度计
1-轴流通风机；2-镍电阻；3-纱布；4-盛水杯；5-接线端子

4.3.2　露点法湿度测量

露点法测量相对湿度的基本原理是先测定露点温度 t_1，然后确定对应于 t_1 的饱和水蒸气压力 p_1。显然，p_1 即被测空气的水蒸气分压力 p_n。因此，空气的相对湿度可表示为

$$\varphi = \frac{p_1}{p_b} \times 100\% \tag{4-23}$$

式中，p_1 为对应被测湿空气露点温度的饱和水蒸气压力；p_b 为干球温度下空气的饱和水蒸气压力。

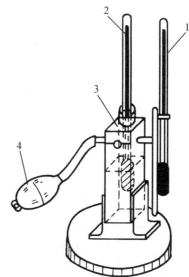

露点温度的测定方法是，先把物体表面加以冷却，一直冷却到与该表面相邻近的空气层中的水蒸气开始在表面上凝集成水分。开始凝集水分的瞬间，其邻近空气层的温度即被测空气的露点温度。用于直接测量露点的仪表有经典的露点湿度计与光电式露点湿度计等。

1. 露点湿度计

露点湿度计主要由一个镀镍黄铜盒 3、盒中插着的一支温度计 2 和一个鼓气橡皮球 4 等组成，如图 4-23 所示。测量时在镀镍黄铜盒中注入乙醚的溶液，然后用鼓气橡皮球将空气打入镀镍黄铜盒中，并由另一个管口排出，当乙醚蒸发时即吸收了乙醚自身热量使温度降低，当空气中水蒸气开始在镀镍黄铜盒外表面凝结时，插入盒中的温度计读数就是空气的露点。测出露点以后，再从水蒸气表中查出露点温度的饱和水蒸气压力 p_1

图 4-23　露点湿度计
1-干球温度计；2-露点温度计；
3-镀镍黄铜盒；4-鼓气橡皮球

和干球温度下饱和水蒸气的压力 p_b，就能算出空气的相对湿度。

这种温度计主要的缺点是，当冷却表面上出现露珠的瞬间，需立即测定表面温度，但一般不易测准，而容易造成较大的测量误差。

　　2. 光电式露点湿度计

光电式露点湿度计是利用光电原理直接测量气体露点温度的一种电测法湿度计。其测量准确度高，适用范围广，尤其是对低温与低湿状态，更宜使用。

光电式露点湿度计有一个高度光洁的露点镜面以及高精度的光学与热电制冷调节系统，这样的冷却与控制可以保证露点镜面上的温度值在 ±0.05℃ 的误差范围内。典型的光电式露点湿度计露点镜面可以冷却到比环境温度低 50℃。最低的露点能测 1%～2% 的相对湿度。光电式露点湿度计不但测量精度高，而且可测量高压、低温、低湿气体的相对湿度。但采样气体不得含有烟尘、油脂等污染物，否则会直接影响测量精度。

4.3.3　吸湿法湿度测量

吸湿法测量湿度的基本原理是基于某些材料的物理性质随环境湿度的变化而变化。这些材料具有其本身含湿量与周围环境的含湿量相一致的能力，随着环境湿度的变化，它们可以从环境中吸收水分或挥发掉过量的水分。当材料的含湿量改变时，其某些物理性质(如电阻、电容)或几何形状或尺寸(如长度)将随之发生变化。根据这些物理参数与湿度的关系，即可确定被测环境的湿度值。

　　1. 氯化锂电阻湿度计

氯化锂(LiCl)在空气中具有强烈的吸湿特性，其吸湿量又与空气的相对湿度呈一定的函数关系，即空气中的相对湿度越大，氯化锂吸收的水分就越多，反之越小。同时，氯化锂的导电性能(即电阻率)又随其吸湿量而变化，吸收水分越多，电阻率越小，反之亦然。因此，根据氯化锂的电阻率变化可确定空气的相对湿度。

　　2. 电容式湿度传感器

电容式湿度传感器具有性能稳定、安装方便、几乎不需要维护等优点。目前它被认为是一种比较好的湿度传感器。它有金属电容式湿度传感器和高分子膜电容式湿度传感器两种。

　　3. 金属氧化物陶瓷湿度传感器

金属氧化物陶瓷湿度传感器由金属氧化物多孔陶瓷烧结而成。烧结体上有微细孔，可使湿敏层吸附或释放水分子，造成其电阻值的改变。利用多孔陶瓷构成的这种湿度传感器具有工作范围宽、稳定性好、寿命长、耐环境能力强等特点。由于它的电阻值与湿度的关系为非线性，而其电阻的对数值与湿度的关系为线性，在电路处理上应加入线性化处理单元。另外，由于这类传感器有一定的温度系数，在应用时还需进行温度补偿。

4.3.4　湿度计的标定与校正

湿度计的标定与校正需要一个维持恒定相对湿度的校正装置，并且用一种可作为基准的方法去测定其中的相对湿度，再将被校正仪表放入此装置中进行标定。校正装置所依据的方法有重量法、双压法和双温法。应用比较广泛的是双温法。

双温法的基本原理是将某一温度和压力下被水气饱和的湿空气，在恒压下使其温度升高到设定值，通过道尔顿定律和气体状态方程即可计算出在较高温度下的气体相对湿度。这种方法有密闭循环和连续流动两种类型。

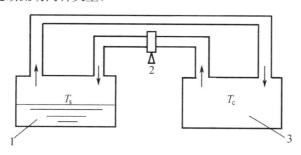

图 4-24　密闭循环式双温法原理示意图
1-饱和器；2-气泵；3-实验腔

密闭循环式双温法的原理示意图如图 4-24 所示，T_s 和 T_c 分别为设定的饱和温度和实验腔温度，$T_c > T_s$。通过气泵使气流在饱和器和实验腔之间不断循环，经过一定时间以后，气流中的水汽达到饱和状态。假设气体为理想气体，并且饱和器气体总压力 p_s 等于实验腔气体总压力 p_c，则在温度为 T_c 的实验腔内气体的相对湿度可用式(4-24)计算：

$$\varphi = \frac{p_w(T_s)}{p_w(T_c)} \times 100\% \tag{4-24}$$

式中，$p_w(T_s)$ 为温度 T_s 下的饱和水蒸气压力，Pa；$p_w(T_c)$ 为温度 T_c 下的饱和水蒸气压力，Pa。

当 $p_s \neq p_c$ 时，特别是在气流速度较高的情况下，就需要考虑进行压力修正，则

$$\varphi = \frac{p_w(T_s)}{p_w(T_c)} \times \frac{p_c}{p_s} \times 100\% \tag{4-25}$$

对于真实气体，还需要将饱和水蒸气压乘以系数：

$$\varphi = \frac{f(p_s,T_s)p_w(T_s)p_c}{f(p_c,T_c)p_w(T_c)p_s} \times 100\% \tag{4-26}$$

4.4　流速测量仪表及使用方法

在科学实验中，常常需要测量工作介质在某些特定区域的流速，以研究其流动状态对工作过程和性能的影响，因此，流速测量具有重要的意义。速度是一个矢量，它具有大小和方向，所以测量流体的速度也应包括其大小和方向两个方面。

随着现代技术日新月异的发展，流速的测量方法和相应的测量仪器也越来越多。目前常用的流速测量方法有测压管测速、热线风速仪测速、激光多普勒流速仪测速以及粒子图像测速等。本章将比较简要地介绍这些测量方法的基本原理及其技术特点。

4.4.1 测压管测速

测压管测速的方法利用气流的速度和压力的关系，依据的是流体力学和热力学的基本理论，其中伯努利方程是最基本的方程。典型的仪器就是各种类型的测压管。

1. 气流速率的测量

测量气流速率就是测量气流速度的大小。在气流速度小于声速时，伯努利方程给出了同

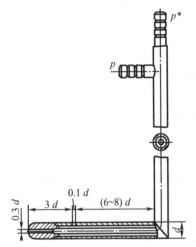

图 4-25　直角形（L 形）皮托管

一流线上气流速率和气流其他状态参数的关系，所以伯努利方程是气流速率测量的基础。

皮托管是传统的测量流速的传感器。由总压管和静压管组合而成，利用流体总压与静压之差（即动压）来测量流速，故也称为动压管。其主要测量对象为气体，因此有风速管之称。图 4-25 为直角形皮托管的结构简图。

要想求得流速的准确值，必须准确地测出总压和静压，而实际用来测量总压和静压的开孔是位于不同的位置的，并且位于静压孔附近的流体受到扰动，必须考虑到总压和静压的测量误差，根据皮托管的形状、结构、几何尺寸等因素进行适当的修正。

皮托管的特点是结构简单，制造、使用方便，价格低廉，而且只要精心制造并经过严格校准和适当修正，即可在一定的速度范围内达到较高的测量精度。

2. 平面气流速度的测量

平面气流速度的测量包括气流方向的测量和气流速率的测量，依据的是流体力学中不可压理想流体对某些规则形状物体的绕流规律，常用的测压管是三孔测速管，如图 4-26 所示。

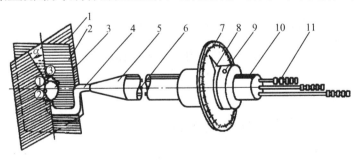

图 4-26　三孔测速管

1-赤道面；2-子午面；3-三孔感压球形探头；4-接管；5-干管；
6-传压管；7-分度盘；8-指针；9-锁紧螺钉；10-键槽；11-接嘴

三孔测速管主要由三孔感压球形探头 3、干管 5、传压管 6、分度盘 7 等组成。其中，探头可以制作各种形状，如圆柱形、球形、尖劈形等。在探头的三个感压孔中，居中的一个为总压孔，两侧的孔用于探测气流方向，故也称方向孔。根据流体力学原理，当两侧的方向孔

感受到的压力相等时，则认为气流方向与总压孔的轴线重合。显然，两侧方向孔所在的位置应该对气体的流动方向十分敏感，即当气流方向与该两孔的角平分线出现微小偏差时，两方向孔所感受的压力就会出现显著的差异。

流速的方向是根据两方向孔感受的压力平衡情况来判断的，而流速的大小可以根据总压孔与方向孔之间的压力差进行计算。

3. 空间气流速度的测量

空间气流速度的测量与平面气流速度的测量在原理上是相同的，所用的三元测压管实质上相当于两个组合在一起的二元复合测压管。常用的三元测压管的结构形式有球形五孔三元测压管、管束形五孔三元测压管和楔形五孔三元测压管。图 4-27 为球形五孔三元测压管。

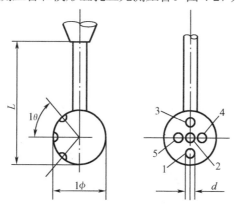

图 4-27　球形五孔三元测压管
1、3、4、5-方向孔；2-总压孔

球形五孔三元测压管在球面上开有五个孔，中间一个孔用来测量气流的总压，其余四个孔作为方向孔。这种测压管的球头直径一般在 5～10mm，测压孔的直径为 0.5～1.0mm。中间孔与侧孔的轴线间夹角在 30°～50°，常为 45°。支杆的轴线一般指向球心或向后偏斜。实践表明，支杆和球的相对位置会明显影响测压管的方向特性，支杆越向球的后部偏移，方向特性曲线的不对称性越小。

1、2、3 孔决定了平行于支杆轴线的子午平面，2、4、5 孔决定了垂直于支杆轴线的赤道平面。空间气流速度的测量就是确定气流速度在这两个互相垂直的平面内的大小和方向。由于测量中存在各种实际问题，应用中主要采用半对向测量的方法，即在赤道平面内采用对向测量，在子午平面内采用不对向测量。这实质上是把空间气流速度的测量转换成平面气流速度的测量。由于三元测压管的尺寸较大，对流场干扰大，测量精度较低。

4.4.2　热线风速仪测速

热线风速仪由探头、信号和数据处理系统构成。探头结构形式分为热线和热膜两种，均由电阻值随温度变化的热敏材料构成。另外，探头按其使用范围可分为适用于一维流动速度的一元探头、适用于平面流动速度的二元探头及适用于空间流场流速的三元探头。探头常见的结构形式如图 4-28 所示。

(a) 一元热线探头　　　　(b) 热膜探头　　　　(c) 三元热线探头

图 4-28　热线探头和热膜探头

热线探头中的热线材料多为铂丝和钨丝，其一般的直径为 3.8～5μm，这种十分纤细的金属丝被焊在两根支杆上，通过绝缘座引出接线。为避免热线受气流沿支杆绕流的干扰，热线两端靠近支杆的部分有时涂覆合金膜，而仅留中间部分作为敏感材料。

热膜探头由熔焊在楔形或圆柱形石英骨架上的铬或铂金属膜构成，其机械强度比热线探头高，可承受的电流也较大，能用于液体或带有颗粒的气流速度的测量，但其尺寸较大，因而响应速度不及热线探头高。

1. 工作原理

热线风速仪是利用通电的探头在气流中的热量散失强度与气流速度之间的关系来测量流速的。热膜探头与热线探头在原理上是相同的，所以只分析热线探头。

如果通过热线的电流为 I，热线的电阻为 R_W，相应的热线温度为 t_W，则热线产生的焦耳热为 I^2R_W。假定热线在流体中的热量散失主要靠其与流体间的强迫对流换热，而不考虑热线的导热和辐射损失，则在热平衡条件下有

$$I^2R_W = \alpha F(t_W - t_f) \tag{4-27}$$

式中，α 为热线与被测流体之间的对流换热系数，它与流体的流速、导热系数、黏度等参数有关；F 为热线的换热面积；t_f 为被测流体的温度。

由于热线采用热敏材料制成，R_W 是热线温度的函数；对于一定的热线探头和流体条件，对流换热系数 α 主要与流体的运动速度有关；在被测流体温度 t_f 一定的情况下，流体的速度 v 仅仅是热线电流和热线温度(或电阻)的函数，即

$$v = f(I, t_W) \tag{4-28}$$

或

$$v = f(I, R_W) \tag{4-29}$$

由此可见，只要固定 I 和 t_W (或 R_W)中的一个变量，流速就成为另一个变量的单值函数。这就是热线风速仪的工作原理。

热线风速仪的基本原理是基于热线与气流的对流换热，所以它的输出与气流的运动方向有关。当热线轴线与气流速度的方向垂直时，气流对热线的冷却能力最大，即热线的热耗最大，若两者的交角逐渐减小，则热线的热耗也逐渐减小。根据这一现象，原则上可确定气流速度的方向。

2. 平均流速的测量

用热线风速仪测量平面气流平均流速的大小和方向，分直接测量和间接测量两种方法，测量过程中都要始终保持流速 v 与支杆平面重合。

1）直接测量平面气流

转动热线探头以改变来流对热线的冲角，直到桥顶电压达到最大值。此时，来流的方向与热线垂直，速度的大小可根据测得的桥顶电压在热线探头速度特性曲线上求得。从其方向特性可看出，冲角较小时，曲线较平坦，方向灵敏度小。因此，用直接测量法确定来流方向误差较大。

2）间接测量平面气流

测量空间气流常采用三元热线探头，它由三根互相垂直的热线组成。每根热线有各自的校准曲线。测量时将探头置于测点上，并使三根热线都面对来流，以减小支杆对热线的影响。利用上述方法求得的气流方向可能相差 180°，所以在使用前应对气流方向有所估计。

4.4.3　粒子图像测速

利用示踪粒子的图像来测量流体速度的方法都可以称为粒子图像测速(particle image velocimetry，PIV)。其本质上是图像测速技术中的一种。PIV 技术的产生具有深刻的科学背景。首先是瞬态流场测试的需要。例如，燃烧火焰的全场测试，这些瞬态流场靠单点测量是不可能完成测试任务的。其次是了解流动空间结构的需要。因为只有在同一时刻记录下整个信息场才能看到空间结构。例如，在高湍流流动中，采用整体平均的数据不适合反映流动中的空间结构。最后是对于某些特殊的稳定流场，如狭窄流场，虽然流动本身是稳定的，但由于流场狭窄，采用热线风速仪会破坏流场状态，而激光多普勒系统的测量光束难以相交成理想的测量区域。PIV 技术的发展较好地解决了上述三个方面的问题。这种技术的突出优点是能够测量整体流场的瞬时速度信息，包括流体流动中的小尺度结构，且对流场无扰动。

4.5　流量测量仪表及使用方法

在建筑环境与能源应用工程中，为了有效地进行生产操作和控制，经常需要测量生产过程中的各种介质(液体、气体和蒸汽等)的流量，以便为生产操作和控制提供依据。同时，为了进行经济核算，也要测量一段时间内介质的总流量。因此，流量测量是控制生产过程达到优质高效和安全生产所必需的一个重要参数。

测量流体流量的仪表一般称为流量计。由于被测流体的复杂性，如有单相流和多相流，有层流和紊流，也有高温和低温、高压和低压的区别等，测量流量的方法和仪表也有很多种。由于流体的动力学参数(如流速、动量等)都与流量有关，这些参数造成的各种物理效应均可以作为流量测量的物理基础。鉴于流量测量方法多、仪表多的情况，很难找出一种分类方法能把目前所有的流量仪表全部包括进去。常用的分类方法是按测量方法进行分类。按测量方法可将流量计大致分为以下四类。

(1)差压式流量计。主要是利用管内流体通过节流装置时，其流量与节流装置前后的压差的关系。属于这类流量计的有孔板、喷嘴、文丘里管、浮子流量计、进口流量管、弯管流量计等。

(2)速度式流量计。主要是利用管内流体的速度来推动叶轮旋转，叶轮的转速和流体的速度成正比，属于这类流量计的有涡轮流量计、叶轮式水表等。

(3) 容积式流量计。是一种以单位时间内所排出流体的固定容积的数目作为测量依据来计算流量的仪表,如椭圆齿轮流量计、腰轮流量计、刮板式流量计等。

(4) 其他类型流量计。如基于电磁感应原理的电磁流量计;基于流体振荡原理的涡街流量计;基于超声波原理的超声波流量计等。

4.5.1 差压式流量计

差压式流量计是使用历史最久、应用最广泛的一种流量计。它们的共同原理是根据伯努利定律通过测量流体流动过程中产生的差压信号来测量流量。我国于 2006 年颁布了流量测量节流装置的设计安装和使用标准 GB/T 2624.1—2006～GB/T 2624.4—2006。工业上常用的节流装置是已经标准化了的"标准节流装置",如孔板、喷嘴、文丘里管等。标准节流装置可以根据计算结果直接制造和使用,不必用实验方法进行标定。

1. 组成

差压式流量计由节流装置、导压管、显示仪表三个部分组成。其基本组成如图 4-29 所示。

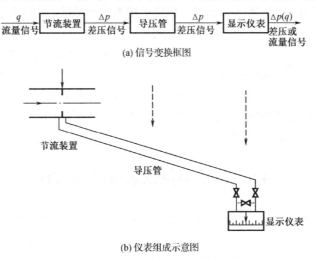

(a) 信号变换框图

(b) 仪表组成示意图

图 4-29　差压式流量计示意图

节流装置是指节流元件、取压装置和节流元件上/下游直管段的组合体。导压管的功能是将节流装置前后的压力信号送至显示仪表。显示仪表显示差压信号或直接显示被测流量。也可以将导压管输出的差压信号经差压变送器变换成标准电信号或气压信号,再由显示仪表指示差压值或直接指示被测流量,或将变送器输出信号送到控制仪表。

2. 工作原理

流体在有节流装置的管道中流动时,在节流装置前后的管壁处,流体的静压力产生变化的现象称为节流现象。

如图 4-30 所示,当流体流经孔板时,由于流通截面积的变化,流体的速度显著增高,因而动能增加,流体的静压力则随之减少。流体经孔板后,流束的断面逐步扩大而恢复到原来的状态,流速逐渐降低到原来的流速,则静压力也随之逐渐回升。但是由于流体的能量在流动过程中有一部分消耗于摩擦、涡流、撞击等方面,压力不能完全恢复,而有一个压力降,

此压力降称为流体流经节流装置的压力损失
δp。此外，由于节流件前后流束不是缓变流，
在同一管道截面上的静压力是不等的。例如，
在紧靠孔板的管壁处，由于流速的减少，压
力是上升的，而在管的轴线上，由于流速是
增加的，压力则是减少的。

　　显然，节流装置的作用在于造成流束的
局部收缩，从而产生压差。此外，流过的流
量越大，在节流装置前后产生的压差就越大，
因此可以通过测量压差来测量流体的流量。

　　3. 标准节流装置

　　标准节流装置是指已经标准化，在使用

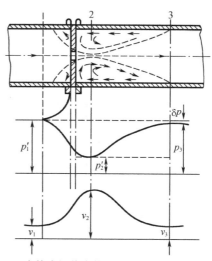

图 4-30　流体流经节流装置时压力和流速的变化情况

时不必再进行个别标定的节流装置。只要严
格按照标准规定设计、安装、使用标准节流装置，就可以保证测量精度在规定的误差范围以
内。目前国际上规定的标准节流装置有下列三种。

　　(1)标准孔板。可以采用角接取压、法兰取压、D 和 $0.5D$ 取压方式。

　　(2)喷嘴。其形式有标准喷嘴和长径喷嘴两种。它们的取压方式不同。标准喷嘴采用角
接取压法；而长径喷嘴的上游取压口在距喷嘴入口端面的 D 处，下游取压口在距喷嘴入口端
面的 $0.5D$ 处。

　　(3)文丘里管。它由入口收缩段、圆筒形喉部和圆锥形扩散段三部分组成。根据收缩段
是呈圆锥形或是呈圆弧形，又可分为文丘里管和文丘里喷嘴。古典文丘里管上游取压口位于
距收缩段与入口圆筒相交的平面的 $0.5D$ 处，文丘里喷嘴上游取压口与标准喷嘴相同。它们的
下游取压口分别在距圆筒形喉部起始端的 $0.5D$ 处和 $0.3D$ 处。

4.5.2　涡轮流量计

　　涡轮流量计属于叶轮式流量计的一种，是通过测量叶轮的旋转次数来测量流量的。涡轮
流量计具有精度高、量程比大、惯性小、耐压高和使用范围广等优点，是普遍使用的一种流
量传感器。

　　涡轮流量计要求被测流体中不能含有杂质，否则误差大，轴承磨损快，仪表寿命短，故
仪表前最好加装过滤器，不适于测黏度大的液体。

　　1. 测量原理

　　涡轮流量计实质上为零功率输出的涡轮机，其结构如图 4-31 所示。

　　当被测流体通过时，冲击涡轮叶片，使涡轮旋转，在一定的流量范围内、一定的流体速
度下，涡轮转速与流速成正比。当涡轮转动时，涡轮上由导磁不锈钢制成的螺旋形叶片轮流
接近处于管壁上的检测线圈，周期性地改变检测线圈磁电回路的磁阻，使通过线圈的磁通量
发生周期性变化，使检测线圈产生与流量成正比的脉冲信号。此信号经前置放大器放大后，
可远距离传送至显示仪表，在显示仪表中对输入脉冲进行整形，然后一方面对脉冲信号进行
积算以显示总量，另一方面将脉冲信号转换为电流输出指示瞬时流量。

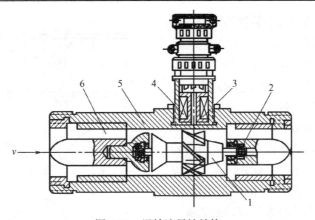

图 4-31　涡轮流量计结构

1-涡轮；2-支承；3-永久磁钢；4-感应线圈；5-壳体；6-导流器

2. 显示仪表

涡轮流量计的显示仪表实际上是一个脉冲频率测量和计数的仪表，它将涡轮流量变送器输出的单位时间内的脉冲数和一段时间内的脉冲总数按瞬时流量和累计流量显示出来。

这类显示仪表的形式很多，图 4-32 是一种显示仪表的工作原理图。它由整形电路、频率电压变换电路、仪表常数除法运算电路、计数器和自动回零电路、振荡器和电源等部分组成。

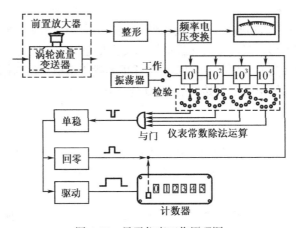

图 4-32　显示仪表工作原理图

整形电路为射极耦合双稳态电路，它将来自变送器前置放大器的脉冲信号整形，成为具有一定幅度并满足脉冲前沿要求的方波信号。

4.5.3　电磁流量计

电磁流量计是基于法拉第电磁感应定律工作的流量计，它能测量具有一定电导率的液体的体积流量。由于其具有压力损失小，可测量脏污介质、腐蚀性介质及悬浊性液-固两相流流量等独特优点，现已广泛应用于酸、碱、盐等腐蚀性介质，以及化工、冶金、矿山、造纸、食品、医药等工业部门的泥浆、纸浆、矿浆等脏污介质的流量测量。

1. 工作原理

电磁流量计的原理是法拉第电磁感应定律。当导体在磁场中运动切割磁力线时，在导体的两端将产生感应电动势，其大小与磁场的磁感应强度、导体长度及导体运动速度成正比。图 4-33 是电磁流量计工作原理示意图。

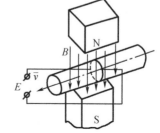

在工作管道的两侧有一对磁极，另有一对电极安装在与磁力线和管道垂直的平面上。当导电流体以平均速度 $\bar{v}$ 流过直径为 D 的测量管段时切割磁力线，于是在电极上产生感应电势 E，电势方向可由右手定则判断。若磁场的磁感应强度为 B，则产生的感应电势 E 为

$$E = C_1 B D \bar{v} \tag{4-30}$$

图 4-33　电磁流量计工作原理示意图

式中，C_1 为常数。

因为流过仪表的体积流量为

$$Q = \frac{1}{4} \pi D^2 \bar{v} \tag{4-31}$$

合并式(4-30)和式(4-31)，得

$$Q = \frac{\pi D}{4 C_1 B} E$$

或

$$E = \frac{4 C_1 B}{\pi D} Q = K Q \tag{4-32}$$

式中，K 为电磁流量计的仪表常数，$K = \frac{4 C_1 B}{\pi D}$。

当仪表口径 D 和磁感应强度 B 一定时，K 为定值，感应电势与流体体积流量存在线性关系。

2. 特点和选用

1)电磁流量计的特点

电磁流量计的主要优点有以下八个方面。

(1)流量计的测量导管内没有可动部件，也没有任何阻碍流体流动的节流部件，所以当流体通过流量计时不会引起任何附加的压力损失，是运行能耗最低的流量计之一。

(2)适用于测量各种特殊液体的流量，如脏污介质、腐蚀性介质及悬浊性液-固两相流等。这是由于流量计导管内部无阻碍流动部件，与被测流体相接触的只是测量导管内衬和电极，其材料可根据被测流体的性质来适当选择。

(3)电磁流量计虽是一种体积流量测量仪表，但在测量过程中，它不受被测介质的温度、黏度、密度的影响。因此，电磁流量计只需经水标定后，就可以用来测量其他导电性液体的流量。

(4)电磁流量计的输出只与被测介质的平均流速成正比，而与对称分布下的流动状态(层流或湍流)无关。因此，电磁流量计的量程极宽，其量程比可达 100：1，有的甚至高达 1000：1。

(5)电磁流量计无机械惯性，反应灵敏，可以测量脉动流量，也可测量正、反两个方向的流量。

(6)工业用电磁流量计的口径范围极宽，口径可在 2～2400mm 选择，而且目前国内已有口径达 3m 的实流校验设备，为电磁流量计的应用和发展奠定了基础。

(7)测量精度可达到 0.5～1.0 级，且输出与流量呈线性关系。

(8)对测量直管道要求不高，使用比较方便。

电磁流量目前仍然存在一些不足，主要体现在以下七个方面。

(1)只能测量具有一定电导率的液体流量，不能测量气体、蒸汽、含有大量气体的液体、石油制品或有机溶剂等介质。

(2)被测介质的磁导率应接近于 1，这样流体磁性的影响才可以忽略不计，故不能测量铁磁介质，如含铁的矿浆流量等。

(3)普通工业用电磁流量计由于测量导管的内衬材料和电气绝缘材料的限制，不能用于测量高温介质，一般工作温度不超过 200℃；未经特殊处理，也不能用于低温介质测量，以防止测量导管外结露而破坏绝缘。

(4)电磁流量计易受外界电磁干扰的影响。

(5)流速测量有下限，一般为 0.5m/s。

(6)电磁流量计结构比较复杂，成本较高。

(7)由于电极安装在管道上，工作压力受到限制，一般不超过 4MPa。

2)电磁流量计的选用

电磁流量计的具体结构随着导管口径而不同，因此对电磁流量计的选用应着重口径的选择。电磁流量计的导管口径不必一定要与工艺管道的内径相等，而应根据流速、流量来合理选择。一般工业管道如果输送水等黏度不高的流体，且流速在 1.5～3m/s，则可选电磁流量计导管口径与工艺管道内径相同。

电磁流量计满度流量时的液体流速可在 1～10m/s 选用，上限流速对电磁流量计在原理上并无限制，但在实际使用中，液体流速通常很少超过 7m/s，超过 10m/s 的更为罕见。满度流量的流速下限一般为 0.5m/s，如果某些工程运行初期流速偏低，从测量精度出发，仪表口径应改用小管径，用异径管连接到管道上。

用于易黏附、沉积、结垢等流体的流量测量时，其流速应不低于 2m/s，最好提高到 3～4m/s 以上，以在一定程度上起到自清扫管道、防止黏附沉积的作用。用于磨蚀性大的流体时，常用流速应低于 2m/s，以降低对绝缘衬里和电极的磨损。

4.5.4　涡街流量计

涡街流量计是振动式流量计的一种。振动式流量计利用流体在管道中特定的流动条件下产生的流体振动和流量之间的关系来测量流量。这类仪表一般均以频率信号输出，便于数字测量。常见的振动式流量计有涡街流量计和旋进式流量计。前者根据自然振荡的卡门涡街原理，而后者利用强迫振荡的漩涡旋进原理。

1.　工作原理

在流体中放置一个有对称形状的非流线型柱体时，在它的下游两侧就会交替出现漩涡，涡的旋转方向相反,并轮流地从柱体上分离出来,在下游侧形成漩涡列,称为卡门涡街,简称涡街,如图 4-34 所示。

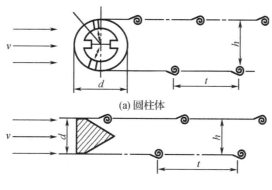

(a) 圆柱体

(b) 等边三角形柱体

图 4-34　涡街的发生情况

由于漩涡之间的相互作用,所形成的漩涡一般来说是不稳定的。若漩涡之间的纵向距离 h 和横向距离 l 之间满足 $\sinh\dfrac{\pi h}{l}=1$,则产生的涡街是稳定的,其中 $\sinh$ 为双曲正弦函数。从上述稳定条件中可进一步计算出涡街稳定的条件为 $\dfrac{h}{l}=0.281$。此时单侧的漩涡释放频率 f 与柱体附近的流体流速 v 成正比,与柱体的特征尺寸 d 成反比,即

$$f = Sr\frac{v}{d} \tag{4-33}$$

式中,Sr 为无因次数,称斯特劳哈尔数。

当柱体的形状、尺寸决定后,就可通过测定单侧漩涡释放频率 f 来测量流速和流量。

2. 特点和选用

1) 涡街流量计的特点

(1) 量程比宽,可达 10∶1 或 25∶1。

(2) 准确度较高,为 $\pm0.5\% \sim \pm1.0\%$。

(3) 测量不受流体的温度、压力、成分、黏度以及密度的影响,用水或空气标定后的流量计无须校正即可用于其他介质的测量。

(4) 输出信号为频率信号,抗干扰能力强,易于进行流量计算和与数字仪表或计算机相连接。

(5) 适用于多种类型流体,如液体、气体、蒸汽和部分混相流体。

(6) 结构简单,装于管道内的漩涡发生体坚固耐用,可靠性高,易于维护。

(7) 在管道内无可动部件,使用寿命长,压损小,约为孔板流量计的 1/4。

(8) 涡街流量计的实质是通过测量流速来测量流量的,流体的流速分布和脉动情况将影响测量准确度,因此它只适合于紊流流速分布变化小的情况,并要求流量计前后有足够长的直管段。

(9)在相同流量下，涡街流量计的输出频率要比涡轮流量计低，但是它没有涡轮流量计由于活动部件所带来的许多问题。

(10)涡街流量计的主要缺点是抗振动能力差。

2)涡街流量计的选用

在选用涡街流量计时，应考虑被测介质、环境、使用要求等因素的影响，主要从以下五个方面加以考虑。

(1)涡街流量计适用于口径为 15～400mm 的管道。对于满管式涡街流量计，其口径大多为 15～300mm，对于口径大于 300mm 的管道建议选用插入式涡街流量计。

(2)对于含有固体微粒的流体，由于固体微粒对漩涡发生体的冲刷会产生与涡街信号无关的噪声，进而磨损漩涡发生体，导致仪表系数发生改变，使测量准确度下降。不得已时，应在上游安装过滤器或对仪表定期校验。如果流体中含有短纤维，纤维要短到不会缠绕漩涡发生体和传感元件。

(3)对于易结垢或沉淀流体，由于漩涡发生体表面的污垢和沉积物将会使发生体形状与尺寸发生变化，影响仪表系数，应经常清洗除垢。

(4)涡街流量计可用于部分混相流体的流量测量。对于含分散、均匀的微小气泡的气-液两相流，其容积含气率应小于 7%，一般来说容积含气率超出 2%则应对仪表系数进行修正；对于含分散、均匀的固体微粒的气-固或液-固两相流，其含量(质量分数)不得大于 2%；对于互不溶解的液-液流体，要保证流速大于 0.5m/s，否则会受含量影响。

(5)涡街流量计在流体定常流动时测量准确，但如果管路系统中有罗茨式鼓风机、往复式水泵等动力机械，会产生较强脉动，如果脉动频率处于涡街频带内，将给测量带来较大误差，严重时甚至不能形成卡门涡街。

4.5.5 超声波流量计

1. 分类和特点

在超声波检测技术中主要利用超声波的反射、折射、衰减等物理性质。无论是哪一种超声波仪器，都必须把超声波发射出去，然后把超声波接收回来，变换为电信号，完成这一部分工作的装置，就是超声波传感器，但是习惯上，把发射部分和接收部分均称为超声波换能器或超声波探头。超声波流量计的测量原理，就是通过发射换能器产生超声波，以一定方式穿过流动的流体，通过接收换能器转换为电信号，并经信号处理反映出流体的流速。

1)超声波流量计的分类

超声波流量计对信号的发生、传播及检测有不同的设置方法，构成了依赖不同原理的超声波流量计。依据其工作原理，可大致分为以下七类。

(1)传播速度法超声波流量计。

(2)多普勒超声波流量计。

(3)声束偏移法超声波流量计。

(4)噪声法超声波流量计。

(5)漩涡法超声波流量计。

(6)相关法超声波流量计。

(7)流速-液面法超声波流量计。

上述各种超声波流量计均有实际应用，但应用较多的还是传播速度法超声波流量计和多普勒超声波流量计，其他类型的超声波流量计由于受到不同条件的限制，实施起来较为困难。

2)超声波流量计的特点

(1)超声波流量计可以制作成非接触式的，即从管道外部进行测量，因而在管道内部没有任何测量部件，所以没有压力损失，不改变原流体的流动状态，对原有管道无须加工就可以进行测量，使用方便。

(2)测量对象广。因测量结果不受被测流体的黏度、电导率的影响，故可测各种液体或气体的流量，如可用于腐蚀性液体、高黏度液体的流量测量。

(3)超声波流量计的输出信号与被测流体的流量呈线性关系。

(4)超声波流量计对管道尺寸及流量测量范围的变化有很强的适应能力，其结构形式与造价同被测管道的直径关系不大，且直径越大经济优势越显著。

(5)超声波流量计应尽可能在远离泵、阀等流动紊乱的地方安装。一般情况下，上游侧应有 12D 的直管段；下游侧需 5D 的直管段。

(6)超声波流量计不能用于衬里或结垢太厚的管道，以及衬里(锈层)与内壁剥离(若夹层有气体会严重衰减超声波信号)或锈蚀严重(会改变超声波传播路径)的管道。

(7)温度对声速影响较大，一般不适于波动大、介质物理性质变化大的流量测量，也不适于小流量、小管径的流量测量，这是因为此时相对误差将增大。

2. 传播速度法超声波流量计

如前所述，超声波流量计依据不同的工作原理，可以有多种分类方式。限于篇幅，在此仅介绍应用较广的传播速度法超声波流量计。其测量原理是，在流体中超声波向上游和下游的传播速度由于叠加了流体流速而不相同，可以根据超声波向上、下游传播速度之差测得流体速度。传播速度法可分为时间差法、相位差法和频率差法。

假定流体静止的声速为 c，流体速度为 v，顺流时超声波传播速度为 $c+v$，逆流时则为 $c-v$。在流道中设置两个超声波发生器 T_1 和 T_2，两个接收器 R_1 和 R_2，发生器与接收器的间距为 l，如图 4-35 所示。在不用两个放大器的情况下，声波从 T_1 到 R_1 和 T_2 到 R_2 的时间分别为 t_1 和 t_2，则

$$t_1 = \frac{l}{c+v} \tag{4-34}$$

$$t_2 = \frac{l}{c-v}$$

一般情况下，$c \gg v$，即 $c^2 \gg v^2$，则

$$\Delta t = t_2 - t_1 = \frac{2lv}{c^2} \tag{4-35}$$

若已知 l 和 c，只要测得 Δt，便可知流速 v。此种测量方法称为时间差法。

传播速度法超声波流量计是目前极具竞争力的流量测量手段之一，其测量精度已优于 1.0 级。但由于早期的超声波流量计自身不带标准管道而工业上所用管路又十分复杂，超声波流

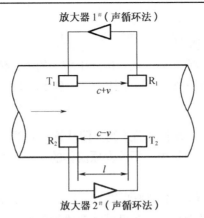

图 4-35　传播速度法超声波流量计原理图

量计的测量精度大打折扣；另外，由于工业现场，特别是管路周围环境具有多样性和复杂性，明显降低了超声波流量计的可靠性和稳定性。之前盛行的外夹装式超声波流量计使用方便灵活，然而在实际工程应用中，常因工作疏忽、换能器安装距离及流通面积等测量误差使得实际测量精度有所下降，甚至不能正常工作。因此，换能器的安装是超声波流量计实现准确、可靠测量的重要环节。近年来，一些厂家已开发出经实流核准的高精度带测量管段的中小口径的超声波流量计，明显减少了前后直管段长度和现场安装换能器位置对测量的影响，使测量精度明显提高。

4.5.6　流量计的标定

目前所应用的流量计，除标准节流装置不必进行直接标定外，其余的流量计出厂时几乎都要进行标定。在流量计使用的过程中，也应经常进行标定。流量计的标定是根据国家市场监督管理总局计量司颁布的各种流量计的检定规程来进行的。

液体流量计的标定方法主要有容积法、质量法、标准体积管法和标准流量计对比法。气体流量计的标定方法主要有声速喷嘴法、伺服式标准流量计对比法和钟罩法。本节仅对液体流量计的标定方法进行简要介绍。

1. 容积法

容积法应用得最普遍。这是一种计量在测量时间内流入定容容器的流体体积，以求得流量的方法。图 4-36 为静态容积法水流量标定装置典型结构示意图。气动换向器 13 用来改变流体的流向，使水流入标准容器中(可根据流量选择标准容器 15 或 16)，气动换向器 13 启动时触发脉冲计数控制仪 21，以保证水和脉冲信号计数的同步测量。标定时用水泵 2 从水池 1 中抽出的实验流体送到水塔 4 中，然后通过被标定流量计 9，若选择标准容器 15，则关闭气动放水阀 17，打开气动放水阀 18，并将气动换向器 13 置于使水流流向标准容器 16 的位置。待流量稳定后，启动气动换向器 13，将水流由标准容器 16 换入标准容器 15，同时触发脉冲计数控制仪 21，累计被标定流量计 9 的脉冲数，当达到预定的水量或预置脉冲数时，气动换向器自动换向，使水流由标准容器 15 换入标准容器 16，从该容器的读数玻璃管的刻度上读出在该段时间内进入标准容器的流体的体积 V，记录下脉冲计数控制仪 21 所显示的被标定流量计 9 的脉冲数 N。用被标定流量计 9 的脉冲数 N 与获得的标准体积 V 比较，确定被标定流量计 9 的仪表常数和精度。由频率指示仪 20 指示流量计的瞬时流量。此法系统精度可达 0.2%。

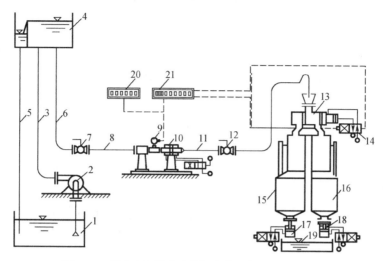

图 4-36　静态容积法水流量标定装置典型结构示意图

1-水池；2-水泵；3-上水管；4-水塔或稳压容器；5-溢流管；6-标定管路；7-截止阀；8-上游直管段；9-被标定流量计；
10-气动夹表器；11-下游直管段；12-流量调节阀；13-气动换向器；14-气、电转换器；15、16-标准容器；
17、18-气动放水阀；19-回水槽；20-频率指示仪；21-脉冲计数控制仪

2. 质量法

质量法是一种称量在测量时间内流入容器的流体质量以求得流量的方法。标定时用泵从储液器中抽出实验流体通过被标定流量计后进入盛液体的容器，在称出质量的同时测定流体的温度，用来确定所测流体在该温度下的密度值。用所测流体的质量除以所测温度下的流体的密度，即可求得流体的体积。将其同仪表的体积示值(累计脉冲数)进行比较，即可确定被标定流量计的仪表常数和精度。此法系统精度可达 0.1%。

3. 标准体积管法

标准体积管法的工作原理基于容积法(标准容积法)，但它属于动态测量。

4. 标准流量计对比法

该法是被标定流量计和标准流量计串联接在实验流体的管道上，通过比较两者的测量值求出误差。标准流量计的精度要比被标定流量计的精度高 2～3 倍。

第5章 传热学实验

5.1 等截面伸展体传热特性实验

工程中有许多热量沿着细长突出物体传递的问题。它的基本特征是：某种细长形状的物体，从某温度的基面伸向与其温度不同的流动介质中，热量从基面沿着突出方向传递的同时，还通过表面与流体进行对流换热，因而沿突出物体的伸展方向温度也相应地变化。

等截面伸展体传热特性实验是传热学课程的一门综合性实验，包含传热学和建筑环境测试技术这两门课程的知识点：等截面伸展体传热特性和电位差计的使用。本实验测量等截面的伸展体在与流体(空气)间进行对流换热的条件下沿伸展体的温度变化。

5.1.1 实验目的

(1)通过实验和对实验数据的分析，深入了解伸展体传热的特性，并掌握求解具有对流换热条件的伸展体传热特性的方法。

(2)掌握手动电位差计的工作原理及使用方法。

5.1.2 实验原理

1. 等截面伸展体传热特性

具有对流换热的等截面伸展体，当长度与横截面之比很大时(常物性)其导热微分方程式为

$$\frac{\mathrm{d}^2\theta}{\mathrm{d}x^2} - m^2\theta = 0 \tag{5-1}$$

式中，x 为中空圆环柱状伸展体沿管长方向的坐标；θ 为过余温度，$\theta = t - t_\mathrm{f}$；$t$ 为伸展体温度，忽略径向混差，近似看作 x 的函数；t_f 为伸展体周围介质(空气)的温度，也是 x 的函数；m 为系数，$m = \sqrt{\dfrac{\alpha u}{\lambda f}}$；$\alpha$ 为空气对壁面的换热系数，$\mathrm{W/(m^2 \cdot ℃)}$；u 为伸展体外周长，本实验中 $u = \pi d_0$，d_0 为伸展体管外径；f 为伸展体的横截面积，$f = \dfrac{\pi}{4}(d_0^2 - d_1^2)$，$d_1$ 为伸展体管内径；λ 为伸展体材料导热系数。

2. 手动电位差计工作原理

手动电位差计工作原理见 4.2.5 节。

5.1.3　实验装置

如图 5-1 所示，实验装置由风道、风机、实验元件、主/副加热器、测温热电偶等组成。试件是紫铜管，放置在风道中。空气均匀地横向流过管子表面进行对流换热。管子表面各处的换热系数基本上是相同的。管子两端装有加热器，以维持两端所要求的温度状况。这构成两端处于某温度而中间具有对流换热条件的等截面伸展体。

管子两端的加热器通过调压变压器来控制其功率，以达到控制两端温度的目的。

为了改变空气对管壁的换热系数，风机的工作电压也相应地可进行调整，以改变空气流过管子表面时的速度。

为了测量铜管沿管长的温度分布，在管内安装有可移动的热电偶测温头，其冷端放置在空气流中，采用铜-康铜热电偶。通过 UJ-36 电位差计测出的热电势反映管子各截面的过余温度。其相应的位置由带动热电偶测温头的滑动块在标尺上读出。

试件的基本参数如下：

管子外径 d_1= 20mm；管子内径 d_2=15mm；管子长度 L=300mm；管子导热系数 λ=385W/(m²·℃)。

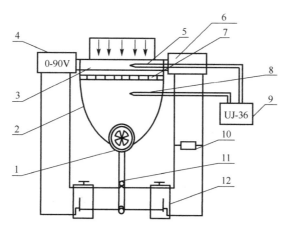

图 5-1　等截面伸展体传热特性实验装置及测量系统简图

1-风机；2-风道；3-等截面伸展体；4-主加热器；5-测温热电偶；6-副加热器；

7-热电偶拉杆及标尺；8-热电偶冷端；9-电位差计；10-电压表；11-风机变速开关；12-调压变压器

5.1.4　实验方法与步骤

1. 等截面伸展体传热特性

1)解方程 $\dfrac{\mathrm{d}^2\theta}{\mathrm{d}x^2}-m^2\theta=0$

截面积为 f、外周长为 u 的等截面棒状体，其导热系数为 λ，两端分别与相距 L 的两大平壁相连接，平壁保持定温 t_{w1} 和 t_{w2}，圆棒与空气接触，空气温度为 t_f（设 $t_{w1}<t_f<t_{w2}$），棒与空气的对流换热系数为 α，求：

(1)棒沿 x 方向的过余温度 $\theta(x)=t-t_f$ 分布式；

(2)沿 x 方向棒的温度分布曲线的可能形状，以及各参数（L、u、f、λ、α、t_{w1}、t_{w2}、t_f）对过余温度分布的影响；

(3)棒的最低温度截面的位置表达式（当 $0 < x < L$ 存在最低温度值时）；

(4)棒两端由壁导入的热量 Q_1 及 Q_2。

2）练习

直径为 25mm、长为 3000mm 的钢棒（$\lambda = 50$ W/(m·℃)）两端分别与平壁相连接。平壁保持定温 $t_{w1} = 200$ ℃，$t_{w2} = 150$ ℃，钢棒向四周空气散热，空气温度为 $t_f = 20$ ℃，对流换热系数为 $\alpha = 20$ W/(m²·℃)。

(1)计算钢棒温度沿长度方向的分布；

(2)求棒的最低温度点的位置及其温度值，绘出该棒的温度分布曲线；

(3)求棒向空气的散热速率；

(4)分别求出壁面 1 和壁面 2 对钢棒的导热量；

(5)在 t_{w2} 为什么值时壁面 2 为绝热面？并画出温度分布曲线，求每小时散入空气的热量；

以上在进行实验前完成。

3）实验要求

(1)测出一定条件下导体内不同截面的过余温度值。

(2)用测得的不同 x 位置过余温度 θ 数据求出实验条件下的 m 值及 α 值。

(3)根据实验条件求得的 m 值，用分析公式计算过余温度分布，以及过余温度最低处的位置坐标值，并与实测结果比较。

2. 实验步骤

(1)实验操作之前，需要设计好工况，工况要具有对比性。等截面伸展体两端的加热功率可调，两端加热功率可以相同，也可以不同。流道中的风机的风速也可以调节。根据情况可以设计至少四种工况。

(2)启动电源。调节风机的旋钮，给定风速。

(3)启动电加热器，调节加热器转盘，给定合适的功率。等待传热稳定，这个时间大约为 0.5h。

(4)在等待传热稳定的过程中，调节直流电位差计，并把指针调到测量挡。

(5)选择要测试的工况进行测试。

(6)测定结束后，先关闭电加热器，把风机开到最大，运行到试件变凉，切断电源。

(7)采样点应避开通风道和通风口。

5.1.5 注意事项

(1)调整加热等功率时需要温度不要过高，以免烧坏测温部件。加热电压一般取 $V < 100V$ 为宜。

(2)实验结束后，先将调压器输出调到零，等试件降温至接近常温后再关掉风机，以免损坏实验装置。

5.1.6　实验数据处理

在实验中可以考虑多种工况，如风道内控制不同的风速、在等截面伸展体两端设定不同的温度等，最后把测定得到的各种工况数据整理后进行计算，并画图表示。需要注意以下事项。

(1)根据计算结果，找到图形拐点位置，在实验时测出该点。

(2)进行每种工况时一定要快速测量以减少误差。

(3)求出温度曲线，并画出该图。

5.1.7　问题讨论

(1)通过理论分析与实验实测，总结对具有对流换热表面的伸展体传热特性的认识。

(2)手动电位差计在使用过程中应注意哪些问题？

(3)本实验中如果不使用副加热器，实验结果会有什么变化？

附：解方程 $\dfrac{\mathrm{d}^2\theta}{\mathrm{d}x^2} - m^2\theta = 0$ 。

(1)方程在第一类边界条件下(即 $x=0$ 时 $\theta=\theta_1$ ，$x=L$ 时 $\theta=\theta_2$)的解为

$$\theta = \frac{1}{\sinh(ml)}\{\theta_2\sinh(mx) + \theta_1\sinh[m(L-x)]\}$$

式中，$m = \sqrt{\dfrac{\alpha U}{\lambda A}} = 1.893\sqrt{\alpha}$ ；$U = \pi d_0$ ；$A = \dfrac{\pi}{4}(d_0^2 - d_1^2)$ 。

(2)伸展体表面与流体间换热量为

$$Q = Q_1 - Q_2 = \lambda A m \frac{\cosh(mL)-1}{\sinh(ml)}(\theta_1 + \theta_2)$$

$$Q_1 = \lambda A \frac{m}{\sinh(ml)}[\theta_1\cosh(ml) - \theta_2]$$

$$Q_2 = \lambda A \frac{m}{\sinh(ml)}[\theta_1 - \theta_2\cosh(ml)]$$

(3) m 值可测出，方法是在伸展体上测三点温度为

$$x=x_a \text{ 处测得 } \theta_a，\quad x=x_b \text{ 处测得 } \theta_b，\quad x=x_c \text{ 处测得 } \theta_c$$

则 $m = \dfrac{2}{L}\mathrm{arcosh}\left(\dfrac{\theta_a + \theta_c}{2\theta}\right)$ (推导见下)。

这里 $L=x_c-x_a$ ，$\theta=\theta_b$ ，x_b 是 x_c 与 x_a 的中点，

$$\theta_{\frac{L}{2}} = \frac{1}{\sinh(ml)}\left[\theta_1\sinh\left(m\frac{L}{2}\right) + \theta_2\sinh\left(m\frac{L}{2}\right)\right]$$

$$\sinh(ml) = \sinh\left(m\frac{L}{2} + m\frac{L}{2}\right) = 2\sinh\left(m\frac{L}{2}\right)\cosh\left(m\frac{L}{2}\right)$$

所以 $\theta_{\frac{L}{2}} = \dfrac{\theta_1 + \theta_2}{2\cosh\left(m\frac{L}{2}\right)}$ ，$\quad m = \dfrac{2}{L}\mathrm{arcosh}\left(\dfrac{\theta_1 + \theta_2}{2\theta_{\frac{L}{2}}}\right)$ 。

(4) 由 $\dfrac{\mathrm{d}\theta}{\mathrm{d}x} = 0$ 可得到过余温度最低值的点的 x 坐标值为

$$x_{\min} = \mathrm{arcosh}\dfrac{[\cosh(mL) - \theta_2/\theta_1]/\sinh(mL)}{m}$$

5.2　强迫对流系统实验

对流换热是传热学中最基本、最重要的研究领域之一，流体流过翅片管束时会发生对流换热，其换热系数除受到空气流速影响外，还受到翅片管束几何因素及管束排列方式的影响。由于这些影响，流体在管束间的流动截面发生变化，流体在管束间交替加减速，管束排列方式对换热系数的影响比较明显。

5.2.1　实验目的

(1) 了解实验装置，掌握测试仪器、仪表的使用方法。
(2) 学会翅片管束管外放热和阻力的测定方法。

5.2.2　实验原理

空气(气体)横向流过翅片管束时的换热系数除了与空气流速及物性有关，还与翅片管束的一系列几何因素有关，函数关系如下：

$$Nu = f\left(Re, Pr, \dfrac{H}{D_o}, \dfrac{\delta}{D_o}, \dfrac{B}{D_o}, \dfrac{P_t}{D_o}, \dfrac{P_l}{D_o}, N\right) \tag{5-2}$$

式中，$Nu = \alpha D_o/\gamma$；$Re = D_o U_m/\gamma$；$Pr = c\mu/\lambda$；$G_m = U_m \cdot \rho$；H、δ、B 分别为翅片高度、厚度和翅片间距；P_t、P_l 为翅片管的横向管间距和纵向管间距；N 为流动方向的管排数；D_o 为光管外径；U_m、G_m 为最窄流通截面处的空气流速(m/s)和质量流速($\mathrm{kg/(m^2 \cdot s)}$)；$c$、$\lambda$、$\rho$、$\mu$、$\gamma$、$\alpha$ 为气体的物性值。

此外，换热系数还与管束的排列方式(顺排和叉排)有关，由于在叉排管束中流体的紊流度较大，其管外换热系数会高于顺流。

对于特定的翅片管束，其几何因素是固定不变的，这时，式(5-2)可简化为

$$Nu = f(Re, Rr) \tag{5-3}$$

对于空气，Pr 可看作常数，故

$$Nu = f(Re) = CRe^n \tag{5-4}$$

式中，C、n 为实验关联式的系数和指数。

采用光管外表面积作为基准，定义换热系数：

$$\alpha = \dfrac{Q}{n\pi D_o L(T_a - T_{wo})} \tag{5-5}$$

式中，Q 为总放热量；n 为放热管子的根数；$\pi D_o L$ 为支管的光管换热面积，$\mathrm{m^2}$；T_a 为空气平均温度，℃；T_{wo} 为光管外壁温度，℃。

工程上通用威尔逊方法测求管外换热系数，即

$$\frac{1}{\alpha} = \frac{1}{K} - \frac{1}{\alpha_i} - \frac{D_o}{D_i} - R_w \tag{5-6}$$

式中，α_i 为管内流体对管内壁的换热系数；D_i 为管子内径；R_w 由管壁的导热公式计算；K 为翅片管的传热系数，可由实验求出

$$K = \frac{Q}{n\pi D_o L (T_v - T_\alpha)} \tag{5-7}$$

式中，T_v 为管内流体的平均温度。

当管内换热系数 $\alpha_i \gg \alpha$ 时，管内热阻 $1/\alpha_i$ 将远远地小于管外热阻 $1/\alpha$，这时，α_i 的计算误差将不会明显地影响管外换热系数。

为了保证 α_i 有足够大的数值，本实验中采用热管作为传热元件，将实验的翅片管制作成热管的冷凝段，即热管内部的蒸汽在翅片管内冷凝，放出汽化潜热，透过管壁，传出翅片管外，这就保证了翅片管内的冷凝过程。这时，管内换热系数 α_i 可用努谢尔特(Nusselt)层流膜层凝结原理公式进行计算，即

$$\alpha_i = 1.88 \left(\frac{4\Gamma}{\mu} \right)^{\frac{1}{3}} \left(\frac{\lambda^3 \rho^2 g}{\mu^2} \right)^{\frac{1}{3}} \tag{5-8}$$

式中，$\Gamma = Q/(rn\pi D_i)$ 为单位冷凝宽度上的凝液量，$kg/(s \cdot m)$；r 为汽化潜热，J/kg。

圆筒壁的导热热阻为

$$R_w = \frac{D_o}{2\lambda_w} \ln \frac{D_o}{D_i} \tag{5-9}$$

5.2.3　实验装置

实验装置和测试仪表如图 5-2 所示，包括四大部分，即有机玻璃风洞、加热元件、风机支架、测试仪表等。

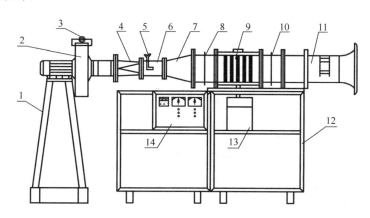

图 5-2　实验风洞系统简图

1-风机支架；2-风机；3-风量调节手轮；4、7-过渡管；5、8、10-测压管；6-测速段；
9-实验管段；11-吸入管；12-支架；13-加热元件；14-控制盘

　　有机玻璃风洞由带整流隔栅的入口段、整流丝网、平稳段、前测量段、工作段、后测量段、收缩段、测速段、扩压段等组成。工作段和前、后测量段的内部横截面积为 300mm×300mm。工作段的管束及固定管板可自由更换。

　　实验管件由两部分组成：单纯翅片管和带翅片的实验热管，外形尺寸采用顺排，翅片管束的几何特点如表 5-1 所示。

表 5-1　实验管件的几何尺寸　　　　　　　　　（单位：mm）

翅片管内径 D_i	翅片管外径 D_o	翅片高度 H	翅片厚度 δ	翅片间距 B	横向管间距 P_t	纵向管间距 P_l	管排数 N
20	26	13	1	4	75	83	7

　　4 根实验热管组成一个横排，放在第 3 排的位置上，使各排的换热系数基本保持不变。实验热管的加热段由专门的电加热器进行加热，其电功率由电流表、电压表进行测量。每一支热管的内部插入一个热电偶用来测量冷凝段的蒸发温度。

　　空气流的进出口温度由刻度为 0.1℃ 的玻璃温度计测量，入口处安装一支，出口处可安装两支，以考虑出口截面上气流温度的不均匀性。空气流经翅片管的压力降由斜管压力计测量，管束前、后的静压侧孔都是 12 个，均布在前、后测量段的壁面上，空气流的速度和流量由安装在收缩段上的皮托管和斜管压力计测量。

5.2.4　实验方法与步骤

　　(1)检查测温、测速、测热等仪表，使其处于良好工作状态。

　　(2)接通电加热器电源，将电功率控制在 2～3kW，预热 5～10min 后，在空载或很小的开度下启动引风机。

　　(3)调动引风机的阀门，控制空气流速，一般应从小到大逐渐增加，可根据皮托管压差读数，改变 6 或 7 个风速值。

　　(4)在每一个实验工况下，在确认设备处于稳定状态下，进行测量记录。

　　(5)当所有工况的测量结束以后，应先切断电加热器电源，待 10min 后，再关停引风机。

　　(6)进行实验数据的计算和整理，并对实验结果进行分析和讨论。

5.2.5　实验数据处理

　　(1)计算风速及风量。

$$U_{测} = \sqrt{2g\Delta h / \rho} \tag{5-10}$$

式中，Δh 为压差，mm H_2O；ρ 为空气密度，kg/m^3；g 为单位换算系数，g=9.8 m/s^2。

$$Ma = U_{测} \times F_{测} \times \rho_{测}$$

式中，截面积 $F_{测}$=0.075×0.3m^2，测量截面处的密度由出口空气温度 T_{a2} 确定。

　　(2)计算空气侧吸热量。

$$Q_1 = Ma \times C_{pa} \times (T_{a2} - T_{a1}) \tag{5-11}$$

　　(3)计算电加热器功率。

$$Q_2 = I \times U \tag{5-12}$$

（4）计算加热器箱体散热。

$$Q_3 = \alpha_c \times F_b \times (T_w - T_o) \tag{5-13}$$

式中，α_c 为自然对流散热系数，可近似取 α_c=5W/(m²·℃)进行计算；F_b 为箱体散热面积；T_w 为箱体温度；T_o 为环境温度。

（5）计算热平衡误差。

$$\frac{DQ}{Q_1} = \frac{Q_1 - (Q_2 - Q_3)}{Q_1} \tag{5-14}$$

（6）计算翅片管束最窄流通截面处的流速和质量流速。

$$U_m = \frac{U_{测} \times F_{测}}{F_{窄}} \tag{5-15}$$

$$G_m = U_m \times \rho \tag{5-16}$$

（7）计算 Re。

$$Re = D_o G_m / \mu \tag{5-17}$$

（8）计算传热系数。

$$K = \frac{Q}{n\pi D_o L(T_v - T_\alpha)} \tag{5-18}$$

（9）计算管内凝结液膜换热系数。

根据式(5-8)，对于以水为工质的热管，液膜物性值都是管内温度 T_v 的函数，因此可简化为

$$\alpha_i = (245623 + 3404 \cdot T_v - 9.667 \cdot T_v^2) \cdot \left(\frac{Q_1}{nD_1}\right)^{\frac{1}{3}} \tag{5-19}$$

（10）计算管壁热阻。

（11）计算管外换热系数。

（12）计算 Nu。

$$Nu = \alpha D_i / \lambda \tag{5-20}$$

（13）在双对数坐标纸上标绘 Nu - Re 关系曲线，并求出其系数和指数。

此外，空气流过管束的阻力 ΔP 一般随 Re 的增加而急剧增加，同时与流动方向上的管排数成正比，一般用式(5-21)表示：

$$\Delta P = f \frac{N G_m^2}{2g\rho} \tag{5-21}$$

式中，f 为摩擦系数，在几何条件固定的条件下，它仅仅是 Re 的函数，即

$$f = CRe^m \tag{5-22}$$

式中，系数 C 和指数 m 可由实验数据在双对数坐标上确定。

5.2.6　问题讨论

(1)测求的管外换热系数 α 包括几部分热阻？

(2)所求实验公式的应用条件和范围是什么？应用威尔逊方法需保证什么条件？

(3)每支实验热管的管内温度 T_v 不尽相同，这对换热系数 α 的精确性有何影响？

第6章 流体力学实验

6.1 管道沿程阻力测定实验

流体在管路中流动时，由于黏性剪应力和涡流的存在，不可避免地会引起压强损耗。这种损耗包括流体流经直管的沿程阻力以及因流体流动方向的改变或因管子大小、形状的改变所引起的局部阻力。

6.1.1 实验目的

(1) 学会测定管道沿程摩擦系数 λ 的方法。
(2) 测定流体流过直管时的摩擦阻力，确定沿程摩擦系数 λ 与 Re 的关系。
(3) 掌握管道沿程阻力的测定方法和气-水压力计及电测压力计的方法。
(4) 将实测得到的结果与莫迪图进行对比分析。

6.1.2 实验原理

1. 直径不变的圆管的沿程水头损失

$$h_f = \left(Z_1 + \frac{P_1}{\rho g} \right) - \left(Z_2 + \frac{P_2}{\rho g} \right) = \Delta h \tag{6-1}$$

式中，Z_1、Z_2 为圆管中相对截面 1、2 的海拔或离某一基准面的高度；P_1、P_2 为相对截面 1、2 的绝对压力；ρ 为流体密度；Δh 为上、下游量测断面的压力计读数。沿程水头损失也常表达为

$$h_f = \lambda \frac{l}{d} \frac{v^2}{2g}$$
$$\lambda = \frac{\Delta h}{\dfrac{l}{d} \dfrac{v^2}{2g}} \tag{6-2}$$

式中，λ 为沿程摩擦系数；L 为上、下游量测断面之间的管段长度；d 为管道直径；v 为断面平均流速；g 为重力加速度。若在实验中测得 Δh 和 v，则可直接得到沿程摩擦系数。

2. 不同流动形态的沿程水头损失与断面平均流速的关系

层流流动中的沿程水头损失与断面平均流速成正比。紊流流动中的沿程水头损失与断面平均流速的 1.75～2.0 次方成正比。

3. 沿程摩擦系数

(1) 对于圆管层流流动，

$$\lambda = \frac{64}{Re} \tag{6-3}$$

(2) 对于水力光滑管紊流流动，

$$\lambda = \frac{0.3164}{Re^{\frac{1}{4}}}(Re \leqslant 10^5) \tag{6-4}$$

可见在层流和紊流的光滑管区，沿程摩擦系数 λ 只取决于雷诺数。

(3) 对于水力粗糙管紊流流动，

$$\lambda = \frac{1}{\left[2 lg\left(\frac{d}{2\Delta} \right) + 1.74 \right]^2} \tag{6-5}$$

沿程摩擦系数 λ 完全由粗糙度 Δ 决定，与雷诺数无关，此时沿程水头损失与断面平均流速的平方成正比，所以紊流粗糙管区通常也称阻力平方区。

(4) 紊流光滑区和紊流粗糙管区之间存在过渡区，沿程摩擦系数 λ 与雷诺数和粗糙度都有关。

6.1.3　实验装置及仪器

实验台主要由两根不同的实验管路组成。每根管子中间长度 L 的两个断面上设有测压孔，可用测压管测出管路实验长度 L 上的沿程损失，管路的流量测量采用容积法。

如图 6-1 所示，利用水泵将供水箱中的水打入实验管路，经稳压水箱稳定水流，再通过出水阀门控制出水流量，通过计量水箱返回供水箱。

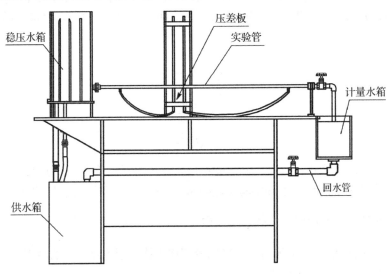

稳压水箱　　压差板　　实验管　　计量水箱　　回水管　　供水箱

图 6-1　管道沿程阻力测定实验装置简图

6.1.4　实验方法与步骤

（1）对照装置图和说明，搞清各组成部件的名称、作用及其工作原理；检查供水箱水位是否足够高，否则予以补水并关闭阀门；记录有关实验常数，如工作管内径 d 和实验管长 L。

（2）接通电源，启动水泵，打开供水阀。

（3）调通量测系统。

① 启动水泵，排出管道中的气体。

② 关闭出水阀，排出其中的气体。随后，关闭进水阀，开启出水阀，使压力计的液面降至标尺零附近。再次开启进水阀并立即关闭出水阀，稍候片刻检查水位是否齐平，若不平则需重调。

③ 气-水压力计水位齐平。

④ 实验装置通水排气后，即可进行实验测量。在进水阀全开的前提下，逐次开大出水阀，每次调节流量时，均需稳定 2～3min，流量越小，稳定时间越长；测流量时间不小于 8～10s；测流量的同时，需测记压力计读数。

⑤ 结束实验前，关闭出水阀，检查压力计是否指示为零，若均为零，则关闭进水阀，切断电源。否则，表明压力计已进气，需重做实验。

6.1.5　实验数据处理

1. 有关常数

$d = 14\text{mm}$；　$L = 1000\,\text{mm}$。

2. 记录及计算

实验测试数据和计算结果可填入表 6-1 中。

表 6-1　实验数据记录表

次序	h_1/mmHg	h_2/mmHg	h/mmHg	W/m^3	T/s	Q/(m^3/s)	v/(m/s)	λ	Re
1									
2									
3									
4									
5									
6									
7									
8									
9									
10									

3. 绘图分析

绘制 lg$v$-lgh_f 曲线，并确定指数关系值 n。在坐标纸上以 lg$v$ 为横坐标，以 lgh_f 为纵坐标，点绘所测的 lg$v$-lgh_f 关系曲线，根据具体情况连成一段或几段直线。求坐标上直线的斜率

$$n = \frac{\lg h_{f_2} - \lg h_{f_1}}{\lg v_2 - \lg v_1} \qquad (6\text{-}6)$$

将从图纸上求得 n 值与已知各流区的 n 值(即层流 $n=1$,光滑管紊流区 $n=1.75$,粗糙管紊流区 $n=2.0$,紊流过渡区 $1.75 < n < 2.0$)进行比较,确定流态区。

6.1.6　问题讨论

(1)为什么压力计的水柱差就是沿程水头损失?如果实验管道安装得不水平,是否影响实验结果?

(2)此实验结果与莫迪图稳定与否?分析原因。

(3)实验中的误差主要由哪些环节产生?

6.2　管道局部阻力测定实验

有压管道恒定流遇到管道边界的局部突变的尾部时,流动会分离形成剪切层,剪切层流动不稳定,引起流动结构的重新调整,并产生漩涡,平均流动能量转化成脉动能量,造成不可逆的能量耗散。与沿程因摩擦造成的分布损失不同,这部分损失可以看作集中损失在管道边界的突变处,每单位重量流体承担的这部分能量损失称为局部水头损失。

6.2.1　实验目的

(1)掌握三点法、四点法测量局部阻力系数的技能。

(2)通过对圆管突扩局部阻力系数的表达公式和突缩局部阻力系数的经验公式的实验验证与分析,熟悉用理论分析法和经验法建立函数式的途径。

(3)加深对局部阻力损失机理的解释。

6.2.2　实验原理

图 6-2 为突扩、突缩的局部水头损失测压管段。

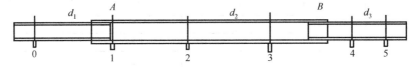

图 6-2　突扩、突缩的局部水头损失测压管段

1. 经验公式

突扩局部阻力系数:
$$\xi_e = \left(1 - \frac{A_1}{A_2}\right)^2 \qquad (6\text{-}7)$$

突扩局部阻力:
$$h'_{je} = \xi_e \frac{v_1^2}{2g} \qquad (6\text{-}8)$$

突缩局部阻力系数：

$$\xi_s = 0.5\left(1 - \frac{A_5}{A_3}\right) \tag{6-9}$$

突缩局部阻力：

$$h'_{js} = \xi_s \frac{v_5^2}{2g} \tag{6-10}$$

2. 突扩

列 1-2 断面能量方程：

$$Z_1 + \frac{P_1}{\rho g} + \frac{av_1^2}{2g} = Z_2 + \frac{P_2}{\rho g} + h_{f1-2} + h'_{je} \tag{6-11}$$

变换为

$$h'_{je} = \left[\left(Z_1 + \frac{P_1}{\rho g}\right) + \frac{av_1^2}{2g}\right] - \left[\left(Z_2 + \frac{P_2}{\rho g}\right) + \frac{av_2^2}{2g} + h_{f1-2}\right] \tag{6-12}$$

式中，V_1、V_2 为相对截面 1、2 的流速；$\Delta h = h_1 - h_2 = \left(Z_1 + \frac{P_1}{\rho g}\right) - \left(Z_2 + \frac{P_2}{\rho g}\right)$ 为 1-2 断面测压管液面高差，其他变量解释见式(6-1)。

$$h_{f1-2} = h_{f2-3} = h_2 - h_3 \tag{6-13}$$

$$\xi_e = \frac{h'_{je}}{\frac{v_1^2}{2g}} \tag{6-14}$$

3. 突缩

同理，突缩局部阻力：

$$h'_{js} = \left[\left(Z_3 + \frac{P_3}{\rho g}\right) + \frac{av_3^2}{2g} - h_{f3-B}\right] - \left[\left(Z_4 + \frac{P_4}{\rho g}\right) + \frac{av_4^2}{2g} + h_{fB-4}\right] \tag{6-15}$$

$$\xi_s = \frac{h'_{js}}{\frac{v_5^2}{2g}} \tag{6-16}$$

6.2.3　实验装置

实验装置采用自循环流程，如图 6-3 所示。储水箱中的水流经上水管至上水箱，一部分水通过孔板整流栅进入恒压水箱；另一部分多流出的水通过溢流板、溢流水管回到储水箱。恒压水箱使水位保持恒定，恒压水箱下部有一个出水孔，流出的水通过实验装置，然后通过接水箱、回水管流回储水箱，水循环使用。

实验装置流量计量采用容积法。用塑料水杯接水，然后用量杯测量体积，用秒表计量接水的时间，计算出体积流量。

实验装置用尺子测量各个计算断面的测压管水头。

更换需要实验的另一个实验管段，做下一项实验。

等实验全部结束后，关闭水泵开关，计量水箱的水排完后，关闭总电源开关。

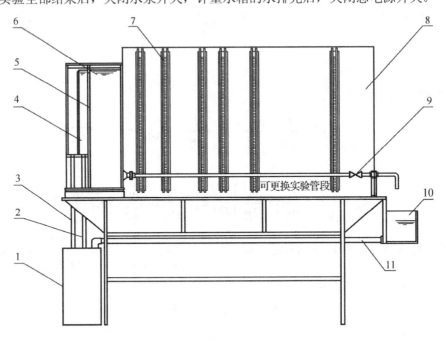

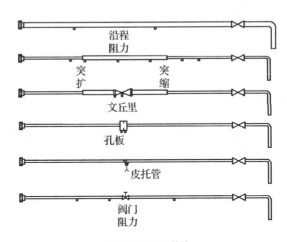

可自选更换的试件管

图 6-3　流体力学综合实验台结构示意图

1-储水箱；2-上水管；3-溢流水管；4-上水箱；5-孔板整流栅；6-恒压水箱；
7-标尺组；8-测压管固定板；9-流量调节阀；10-接水箱；11-回水管

6.2.4　实验方法与步骤

(1)测量记录实验有关的常数。

(2)打开水泵，排除实验管道中的滞留气体及测压管气体。

(3)打开流量调节阀至最大开度，等流量稳定后，测量记录测压管读数，同时用容积法计量流量。

(4)调节流量调节阀开度 3 次或 4 次，分别测量记录测压管读数及流量。

6.2.5 实验数据处理

(1)把测得的数据填入表 6-2 及表 6-3 中。

(2)分析比较突扩与突缩在相应条件下的局部损失关系：

$d_0 = d_1 = D_1 = 1.0\text{cm}$，$d_2 = d_3 = D_2 = 1.9\text{cm}$，$d_4 = d_5 = D_3 = 1.0\text{cm}$，

$l_{1\text{-}2} = 10\text{cm}$，$l_{2\text{-}3} = 20\text{cm}$，$l_{3\text{-}B} = 10\text{cm}$，$l_{B\text{-}4} = 10\text{cm}$，$l_{4\text{-}5} = 10\text{cm}$。

表 6-2 实验数据一

次序	体积/cm³	时间/s	流量/(cm³/s)	测压管读数/cm					
				1	2	3	4	5	6

表 6-3 实验数据二

实验次数	断面 1 $\dfrac{av_1^2}{2g}$/cm	断面 2 $\dfrac{av_2^2}{2g}$/cm	断面 5 $\dfrac{av_5^2}{2g}$/cm	h_{je}/cm	ξ_e	h'_{je}/cm	h_{js}/cm	ξ_s	h'_{js}/cm
1									
2									
3									
4									
5									
6									

本实验需制定表格，记录单独环路及串联和并联管路中的各测点的流量值与压差值，计算出各被测管段的阻力系数，进行流量对比和误差分析，并提出四种流量计的优缺点。

6.2.6 问题讨论

(1)结合漩涡仪演示的水力现象，分析局部阻力损失的产生机理。

(2)结合实验结论，考察在相同的条件下（A_1 / A_2 相同），突扩与突缩的局部损失。

(3)结合漩涡仪演示的水力现象，分析如何减小局部阻力损失。

6.3 流体静力学实验

6.3.1 实验目的

(1)掌握用测压管测量流体静压力的技能。

(2)验证不可压缩流体静力学基本方程。

(3)通过诸多流体静力学现象的实验分析和研讨，进一步提高解决流体静力学实际问题的能力。

6.3.2 实验原理

在重力作用下不可压缩流体静力学基本方程为

$$z + \frac{p}{\gamma} = \text{const}$$

或

$$p = p_0 + \gamma h \qquad (6\text{-}17)$$

式中，z 为被测点在基准面的相对位置高度；p 为被测点的静水压力，用相对压力表示，以下同；p_0 为水箱中液面的表面压力；γ 为液体容重；h 为被测点的液体深度。

另对装有水油(图 6-4 及图 6-5)的 U 形测压管应用等压面，可得油的相对密度 S_0 有下列关系：

$$S_0 = \frac{\gamma_0}{\gamma_w} = \frac{h_1}{h_1 + h_2} \qquad (6\text{-}18)$$

该式推导如下：

当 U 形测压管中水面与油水面齐平(图 6-4)时，取其顶面为等压面，有

$$p_{01} = \gamma_w h_1 = \gamma_0 H \qquad (6\text{-}19)$$

另当 U 形测压管中水面和油面齐平(图 6-5)时，取其油水面为等压面，有

$$p_{02} + \gamma_w = \gamma_0 H \quad 即 \quad p_{02} = -\gamma_w h_2 = \gamma_0 H - \gamma_w H \qquad (6\text{-}20)$$

由式(6-19)、式(6-20)联解可得

$$H = h_1 + h_2$$

代入式(6-19)，得

$$\frac{\gamma_0}{\gamma_w} = \frac{h_1}{h_1 + h_2} \qquad (6\text{-}21)$$

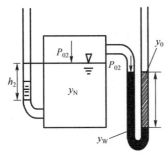

图 6-4 U 形测压管 1   图 6-5 U 形测压管 2

据此可用仪器直接测得 S_0。

6.3.3　实验装置

本实验的装置如图 6-5 所示。

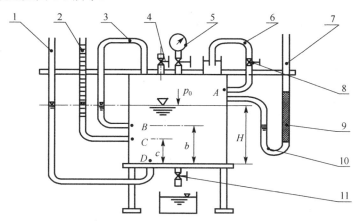

图 6-6　流体静力学实验装置图

1-测压管；2-带标尺测压管；3-连通管；4-通气阀；5-加压打气球；6-真空测压管；
7-U 形测压管；8-截止阀；9-油柱；10-水柱；11-减压放水阀

说明：

(1)所有测压管液面标高均以标尺(U 形测压管 2)零读数为基准。

(2)仪器铭牌所注 ∇_B、∇_C、∇_D 系测点 B、C、D 标高；若同时取标尺零点作为静力学基本方程的基准，则 ∇_B、∇_C、∇_D 也为 z_B, z_C, z_D(仪器铭牌上标注特意强调)。

(3)本仪器中所有阀门旋柄顺管轴线为开。

6.3.4　实验方法与步骤

1.　搞清仪器组成及其用法

(1)检查各阀门的开关。

(2)了解加压方法。关闭所有阀门(包括截止阀)，然后用加压打气球 5 充气。

(3)明确减压方法。开启筒底减压放水阀 11 放水。

(4)检查仪器是否密封。

加压后检查测压管(包括测压管 1、带标尺测压管 2、U 形测压管 7)液面高程是否恒定。若下降，表明漏气，应查明原因并加以处理。

2.　记录仪器号及各常数于表 6-4 中

3.　量测点静压力(各点压力用厘米水柱高表示)

(1)打开通气阀 4(此时 $p_0 = 0$)，记录水箱液面的标高 ∇_0 和带标尺测压管 2 液面标高 ∇_H(此时 $\nabla_0 = \nabla_H$)。

(2)关闭通气阀 4 及截止阀 8，加压使之形成 $p_0 > 0$，测记 ∇_0 及 ∇_H。

(3)打开减压放水阀 11，使密闭箱体内形成 $p_0 < 0$（要求其中一次 $\dfrac{p_B}{\gamma} < 0$，即 $\nabla_H < \nabla_B$），测记 ∇_0 及 ∇_H。

4. 测出真空测压管 6 插入小水杯中的深度

5. 测定油相对密度 S_0

(1)开启通气阀 4，测记 ∇_0。

(2)关闭通气阀 4，打气加压（$p_0 > 0$），微调放气螺母使 U 形测压管中水面与油水交界面齐平(图 6-4)，测记 ∇_0 及 ∇_H(此过程反复进行 3 次)。

(3)打开通气阀，待液面稳定后，关闭所有阀门；开启减压放水阀 11 降压（$p_0 < 0$），使 U 形测压管中的水面与油面齐平(图 6-5)，测记 ∇_0 及 ∇_H(此过程也反复进行 3 次)。

6.3.5 实验数据处理

1. 记录有关常数

各测点的标尺读数如下：

$\nabla_B=$_____cm, $\qquad \nabla_C=$_____cm, $\qquad \nabla_D=$_____cm, $\qquad \gamma_w=$_____N/cm^3。

2. 求压力

分别求出各次测量时 A、B、C、D 点压力，并选择一个基准检验同一静止液体内的任意两点 C、D 的 $\left(z + \dfrac{p}{\gamma}\right)$ 是否为常数。

3. 求出油的容重

4. 测出真空测压管 6 插入小水杯中的深度

表 6-4　流体静压强测量记录及计算表　　　　　　　　　　(单位：cm)

实验条件	次序	水箱液面 ∇_0	测压管液面 ∇_H	压强水头				测压管水头	
				$\dfrac{p_A}{\gamma}=\nabla_H-\nabla_0$	$\dfrac{p_B}{\gamma}=\nabla_H-\nabla_0$	$\dfrac{p_C}{\gamma}=\nabla_H-\nabla_0$	$\dfrac{p_D}{\gamma}=\nabla_H-\nabla_0$	$z+\dfrac{p_C}{\gamma}$	$z+\dfrac{p_D}{\gamma}$
$p_0=0$	1								
$p_0>0$	1								
	2								
	3								
$p_0<0$ (其中一次 $p_B<0$)	1								
	2								
	3								

注：表中基准面选在_____，$z_C=$_____cm，$z_D=$_____cm。

表6-5 油容重测量记录及计算表 （单位：cm）

实验条件	次序	水箱液面标尺读数 ∇_0	测压管液面标尺读数 ∇_H	$h=\nabla_H-\nabla_0$	h_1	$h=\nabla_0-\nabla_H$	h_2	$S_0=\dfrac{\gamma_0}{\gamma_w}=\dfrac{h_1}{h_1+h_2}$
$p_0>0$ 且U形测压管中水面与油水交界面齐平	1							
	2							
	3							
$p_0>0$ 且U形测压管中水面与油面齐平	1							
	2							
	3							

6.3.6 问题讨论

(1)同一静止液体内的测压管水头线是什么线？

(2)当 $p_B<0$ 时，试根据记录数据确定水箱内的真空区域。

(3)若再备一根直尺，试采用最简便的方法测定 γ_0。

(4)如果测压管太细，对测压管液面的读数将有何影响？

(5)过 C 点作一水平面，相对测压管1、2、7及水箱中液体而言，这个水平面是不是等压面？哪一部分是同一等压面？

(6)用图6-6装置能演示变液位下的定常流实验吗？

(7)该仪器在加气增压后，水箱液面将下降 δ 而测压管液面将升高 H，实验时，若以 $p_0=0$ 时的水箱液面作为测量基准，试分析加气增压后，实验压力 $(H+\delta)$ 与视在压力 H 的相对误差值。本仪器测压管内径为 0.8cm，箱体内径为 20cm。

6.4 雷诺实验

6.4.1 实验目的

(1)掌握用测压管测量流体静压力的技能。

(2)测定临界雷诺数，掌握圆管流态判别准则。

(3)学习古典流体力学中应用无量纲参数进行实验研究的方法，并了解其实际意义。

6.4.2 实验原理

雷诺数表达式 $Re=\dfrac{v\cdot d}{\nu}$，根据连续方程 $A=v\,Q$，$v=\dfrac{Q}{A}$。

流量 Q 用容积法测出，即在 Δt 时间内流入计量水箱中流体的体积 ΔV。

$$Q=\frac{\Delta V}{t} \tag{6-22}$$

$$A=\frac{\pi d^2}{4} \tag{6-23}$$

式中，A 为管路的横截面积，cm^3；d 为实验管内径，cm；v 为流体在管道的平均流速，cm/s；v 为水的黏度，cm^2/s；ΔV 为水箱中的体积，cm^3；Δt 为时间，s。

6.4.3　实验装置

本实验的装置如图 6-7 所示。

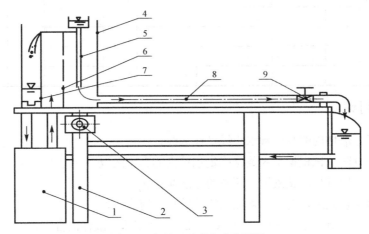

图 6-7　自循环雷诺实验装置图

1-自循环供水器；2-实验台；3-可控硅无级调速器；4-恒压水箱；5-有色水水管；
6-稳水孔板；7-溢流板；8-实验管道；9-实验流量调节阀

供水流量由可控硅无级调速器 3 调控，使恒压水箱 4 始终保持轻微溢流的程度，以提高进口前水体稳定度。本恒压水箱还设有多道稳水孔板，可使稳水时间缩短 3～5min。有色水经有色水水管 5 注入实验管道 8，可根据有色水散开与否判别流态。为防止自循环水污染，有色指示水采用能够自行消色的专用色水。

6.4.4　实验方法与步骤

1. 记录本实验的有关常数

2. 观察两种流态

打开可控硅无级调速器 3 的开关使恒压水箱 4 充水至溢流水位，经稳定后，微微开启实验流量调节阀 9，使有色水流入实验管道 8 内并使有色水流成直线。通过有色水质点的运动观察管内水流的层流流态，然后逐步开大实验流量调节阀，通过有色水直线的变化观察层流转变到紊流的水力特征，待管中出现完全紊流后，再逐步关小实验流量调节阀，观察由紊流转变为层流的水力特征。

3. 量测点静压力(各点压力用厘米水柱高表示)

(1)将实验流量调节阀打开，使管中呈完全紊流，再逐步关小实验流量调节阀使流量减小，当流量调节到使有色水在全管刚呈现出稳定直线时，即下临界状态。

(2)待管中出现下临界状态时，用容积法测定流量。

(3)根据所测流量计算下临界雷诺数,并与公认值(2000)比较,偏离过大,需重测。

(4)重新打开实验流量调节阀,使其形成完全紊流,按照上述步骤重复测量不少于三次。

(5)用水箱中的温度计测记水温,从而求得水的运动黏度。

注意:

①每调节阀门一次,均需等待稳定几分钟;

②在关小阀门过程中,只许逐渐关小,不许开大;

③随出水流量减小,应适当调小可控硅无级调速器 3 的开关(右旋)使供水量减少,以减轻由溢流量引发的扰动。

5. 测定上临界雷诺数

逐渐开启实验流量调节阀,使管中水流由层流过渡到紊流,当有色水刚开始散开时,即上临界状态,测定上临界雷诺数 1 次或 2 次。

6.4.5　实验数据处理

1. 记录有关常数

管径 $d=$_____cm, 水温 $t=$_____℃,计算常数 $K=$_____s/cm³,
运动黏度 $\nu = \dfrac{0.01775}{1+0.0337t+0.000221t^2} = $_____cm²/s。

2. 整理记录计算表(表 6-6)

表 6-6　记录计算表

实验次序	颜色水线形态	水体积 V/cm³	时间 T/s	流量 Q/(cm³/s)	雷诺数 Re	阀门开度增(↑)或减(↓)	备注
1							
2							
3							
4							
5							
实测下临界雷诺(平均值) $\overline{Re_c}=$							

注:颜色水形态指稳定直线、稳定略弯曲、直线摆动、直线抖动、断续、完全散开。

6.4.6　问题讨论

(1)流态判据为何采用无量纲参数,而不采用临界流速?

(2)为何认为上临界雷诺数无实际意义,而采用下临界雷诺数作为层流与紊流的判据?实测下临界雷诺数 $\overline{Re_c}$ 与公认值偏离多少?原因何在?

(3)雷诺实验得出的圆管流动下临界雷诺数为 2320,而目前有些教科书中介绍采用的下临界雷诺数是 2000,原因何在?

(4)为什么在测定 Re_c 调小流量过程中,不许有反调?

(5)层流和紊流在运动学特性与动力学特性方面各有何差异?

第 7 章 工程热力学实验

7.1 二氧化碳热力学性质实验

二氧化碳(CO_2)热力学性质实验系统是一个设计性实验系统，它主要包括热力学参数测量系统的设计、加热和保温系统的设计、加压系统的设计，以及实验安全和设备维护方面的考虑。

7.1.1 实验目的

(1)初步掌握热力学实验系统的一般设计方法，熟悉热力学参数测量的仪器选择和注意事项，利用已有设备设计搭建本实验系统的实验台。

(2)掌握 CO_2 热力学状态变化的一般规律，通过实验观察和定量测定 CO_2 在不同温度条件下的状态参数变化(包括相变和非相变)。

(3)通过数据整理，发现实际气体(CO_2)在不同温度 T 条件下的 p、V 关系。

(4)学会活塞式压力计、恒温器等热工仪器的正确使用方法。

7.1.2 实验原理

实际气体的性质是工程热力学重要研究内容。由于分子力和分子体积的影响，在距离液态较近和较远的两种情况下，同一工质的热力性质是截然不同的。当工质的状态距离液态较远时，工质接近理想气体，基本遵守理想气体状态方程，此时其等温线是双曲线。但当工质的状态距离液态较近时，工质的微观属性已经不再满足理想气体的微观要求，其状态不能用简单的理想气体状态方程来描述，此时其等温线也不再是双曲线。CO_2 的临界点温度只有31.1℃，容易液化。只要提供适当的压力变化范围，就能以 CO_2 为例，通过实验观察和研究物质在临界点附近的状态变化。

1. 理想气体

理想气体状态方程为

$$pV_m = RT \tag{7-1}$$

式中，p 为气体的绝对压力；V_m 为气体的摩尔体积；R 为摩尔气体常数；T 为气体的热力学温度。

对于实际气体，因为气体分子体积和分子之间存在相互作用力，状态参数(压力、温度、比容)之间的关系不再遵循理想气体状态方程。考虑上述两个方面的影响，1873 年范德瓦耳斯对理想气体状态方程式进行了修正，提出如下修正方程：

$$\left(p + \frac{a}{v^2}\right)(v - b) = RT \tag{7-2}$$

式中，a/v^2 为分子力的修正项；b 为分子体积的修正项。

修正方程也可写成

$$pV^3 - (bp+RT)V^2 + aV - ab = 0 \tag{7-3}$$

式(7-3)是 V 的三次方程。随着 p 和 T 的不同，V 可以有三种解：三个不等的实根；三个相等的实根；一个实根、两个虚根。

早在1869年安德鲁就用 CO_2 做实验说明了这个现象，他在各种温度下定温压缩 CO_2 并测定 p 与 V，得到了 P-V 图上一些等温线，实验中发现，当 $T>31.1℃$ 时，对应每一个 p，可有一个 V 值，相应于方程(7-3)具有一个实根、两个虚根；当 $T=31.1℃$，而 $p=p_c$ 时，曲线出现一个转折点 C 即临界点，相应于方程(7-3)具有三个相等的实根；当 $T<31.1℃$ 时，实验测得的等温线中间有一段是水平线(气体凝结过程)，这段曲线与按方程式描出的曲线不能完全吻合。这表明范德瓦耳斯方程有不够完善之处，但是它反映了物质气、液两相的性质和两相转变的连续性。

2.　简单可压缩热力系统

对于简单可压缩热力系统，当工质处于平衡状态时，其状态参数 p、V、T 之间有

$$F(p,V,T) = 0 \tag{7-4}$$

本实验就是根据式(7-4)，采用定温方法来测定 CO_2 的 p-V 关系，从而找出 CO_2 的 p-V-T 关系。

实验中，压力台上的油缸送来的压力由压力油传入高压容器和玻璃杯上半部，迫使水银进入预先装有 CO_2 气体的承压玻璃管容器，CO_2 气体被压缩，其压力可以通过压力台上的活塞杆的进、退来调节。温度则由恒温器供给的水套里的水温来调节。

实验工质 CO_2 的压力值由装在压力台上的压力表读出；温度由插在恒温器供给的水套中的温度计读出；比容首先由承压玻璃管内 CO_2 柱的高度来测量，而后根据承压玻璃管内径截面不变等条件来换算得出。

7.1.3　实验装置

整个实验装置由手动油压机、恒温水浴和实验台本体三大部分组成，如图7-1所示。

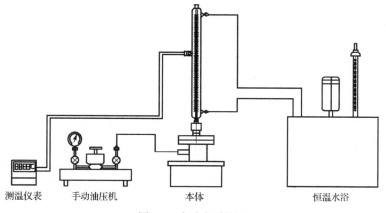

测温仪表　　　手动油压机　　　　本体　　　　　　恒温水浴

图 7-1　实验台系统图

实验台本体如图7-2所示。其中包括高压容器、玻璃杯、压力油室、水银、密封填料、填料压盖、恒温器供给的水套、承压玻璃管、CO_2 空间、温度计。

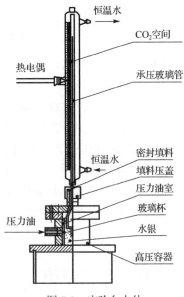

图 7-2　实验台本体

7.1.4　实验步骤及要求

1. 实验步骤

(1) 按图 7-1 装好实验设备，并开启实验台本体上的日光灯(目的是易于观察)。

(2) 恒温器准备及温度调节。

① 把水注入恒温器内，至离盖 30～50mm。检查并接通电路，启动水泵，使水循环对流。

② 把温度调节仪波段开关拨向调节，调节温度旋扭，设置所要调定的温度，再将温度调节仪波段开关拨向显示。

③ 视水温情况，开、关加热器，当水温未达到要调定的温度时，恒温器指示灯是亮的，当指示灯时亮时灭闪动时，说明温度已达到所需要的恒温。

④ 观察温度，读数温度点的温度与设定的温度一致(或基本一致)时，则可(近似)认为承压玻璃管内 CO_2 的温度处于设定的温度。

⑤ 当需要改变实验温度时，重复步骤(2)～(4)即可。

注：当初始水温高于实验设定温度时，应加冰进行调节。

(3) 加压前的准备。

因为压力台上的油缸容量比容器容量小，需要多次从油杯里抽油，再向主容器管充油，才能在压力表上显示压力读数。压力台抽油、充油的操作过程非常重要，若操作失误，不但加不上压力，还会损坏实验设备。因此，务必认真掌握，其步骤如下。

① 关闭压力表及其进入本体油路的两个阀门，开启压力台油杯上的进油阀。

② 摇退压力台上的活塞螺杆，直至螺杆全部退出。这时，压力台油缸中抽满油。

③ 先关闭油杯阀门，然后开启压力表和进入本体油路的两个阀门。

④ 摇进活塞螺杆，使本体充油。如此反复，直至压力表上有压力读数。

⑤ 再次检查油杯阀门是否关好，压力表及本体油路阀门是否开启。若均已调定后，即可进行实验。

(4) 做好实验的原始记录。

① 设备数据记录：仪器、仪表名称、型号、规格、量程等。

② 常规数据记录：室温、大气压、实验环境等。

③ 承压玻璃管内 CO_2 质量不便测量，而玻璃管内径或截面积(A)又不易测准，因而实验中采用间接办法来确定 CO_2 的比容，认为 CO_2 的比容 v 与其高度是一种线性关系。具体方法如下。

a. 已知 CO_2 液体在 20℃、9.8MPa 时的比容 v (20℃，9.8MPa)=0.00117m³/kg。

b. 实际测定实验台在 20℃、9.8MPa 时的 CO_2 液柱高度 Δh_0(m)(注意承压玻璃管水套上刻度的标记方法)。

c. 因为 v (20℃，9.8MPa)$=\dfrac{\Delta h_0 A}{m}=0.00117\,\mathrm{m}^3/\mathrm{kg}$，

图中标注：恒温水、CO_2空间、承压玻璃管、热电偶、恒温水、密封填料、填料压盖、压力油室、玻璃杯、水银、高压容器、压力油

所以 $\dfrac{m}{A}=\dfrac{\Delta h_0}{0.00117}=K(\mathrm{kg/m^2})$ ，

式中，K 为玻璃管内 CO_2 的质面比常数。

因此，任意温度、压力下 CO_2 的比容为

$$v=\frac{\Delta h}{m/A}=\frac{\Delta h}{K}$$

式中，$\Delta h=h-h_0$ ；h 为任意温度、压力下水银柱高度。h_0 为承压玻璃管内径顶端刻度。

(5) 测定低于临界温度 $T=20℃$ 时的等温线。

① 将恒温器调定在 $T=20℃$ ，并保持恒温。

② 压力从 4.41MPa 开始，当承压玻璃管内水银柱升起来后，应足够缓慢地摇进活塞螺杆，以保证等温条件。否则，将来不及平衡，使读数不准。

③ 按照适当的压力间隔取 h 值，直至压力 $p=9.8MPa$ 。

④ 注意加压后 CO_2 的变化，特别是注意饱和压力和饱和温度之间的对应关系以及液化、汽化等现象。要将测得的实验数据及观察到的现象一并填入表 7-1。

⑤ 测定 $T=27℃$ 时 CO_2 饱和温度和饱和压力的对应关系。

(6) 测定临界参数，并观察临界现象。

① 按上述方法和步骤测出临界等温线（$T_c=31.1℃$），并在该曲线的拐点处找出临界压力 p_c 和临界比容 v_c ，并将数据填入表 7-1。

② 观察临界现象。

a. 整体相变现象。

由于在临界点时，汽化潜热等于零，饱和气线和饱和液线合于一点，这时气、液的相互转变不像临界温度以下时逐渐积累，而是需要一定的时间，表现为渐变过程，而这时当压力稍变时，气、液是以突变的形式相互转化的。

b. 气、液两相模糊不清的现象。

处于临界点的 CO_2 具有共同参数 (p,v,T) ，因而不能区别此时 CO_2 是气态还是液态。如果说它是气体，可以说是接近液态的气体；如果说它是液体，又是接近气态的液体。下面就用实验证明这个结论。因为这时处于临界温度下，如果按等温过程进行，使 CO_2 压缩或膨胀，那么，管内是什么也看不到的。现在，按绝热过程来进行。首先在压力等于 7.64MPa 附近突然降压，CO_2 状态点由等温线沿绝热线降到液区，管内 CO_2 出现明显的液面。这就是说，如果这时管内的 CO_2 是气体，那么这种气体离液区很接近，可以说是接近液态的气体；当膨胀之后突然压缩 CO_2 时，这个液面又立即消失。这表明这时 CO_2 液体离气区也是非常接近的，可以说是接近气态的液体。因为此时的 CO_2 既接近气态，又接近液态，所以说 CO_2 处于临界点附近。可以这样说：临界状态究竟如何，就是饱和气、液分不清。这就是临界点附近饱和气、液模糊不清的现象。

(7) 测定高于临界温度 $T=50℃$ 时的定温线。将数据填入原始记录表 7-1。

2. 实验要求

(1) 测定 CO_2 的 p-v-T 关系。在 p-v 坐标系中绘出低于临界温度($T=20℃$、$27℃$)、临界温度($T=31.1℃$)和高于临界温度($T=50℃$)的四条等温线，与标准实验曲线及理论计算值相比较，并分析其差异原因。

(2) 测定 CO_2 在低于临界温度 (T=20℃、27℃) 时饱和温度和饱和压力之间的对应关系，并与图 7-4 中的 T_s-p_s 曲线比较。

(3) 观测临界状态。

① 临界状态附近气、液两相模糊的现象。

② 气、液整体相变现象。

③ 测定 CO_2 的 p_c、v_c、T_c 等临界参数，并将实验所得的 v_c 值与理想气体状态方程和范德瓦耳斯方程的理论值相比较，简述其差异原因。

7.1.5 实验数据处理

(1) 按表 7-1 的数据，如图 7-3 所示，在 p-v 坐标系中画出四条等温线。

(2) 将实验测得的等温线与图 7-3 的标准等温线比较，并分析它们之间的差异及原因。

表 7-1 CO_2 等温实验原始记录

T=20℃				T=27℃			
p/MPa	Δh/m	$v=\Delta h/K$/(m³/kg)	现象	p/MPa	Δh/m	$v=\Delta h/K$/(m³/kg)	现象
进行等温线实验所需时间/min							

T=31.1℃ (临界)				T=50℃			
p/MPa	Δh/m	$v=\Delta h/K$/(m³/kg)	现象	p/MPa	Δh/m	$v=\Delta h/K$/(m³/kg)	现象
进行等温线实验所需时间/min							

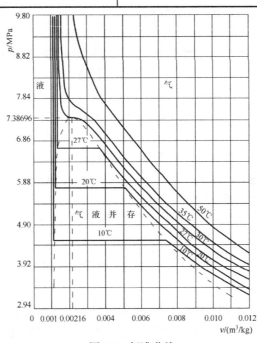

图 7-3 标准曲线

(3)将实验测得的饱和温度与压力的对应值与图 7-4 给出的 T_s-p_s 曲线相比较。

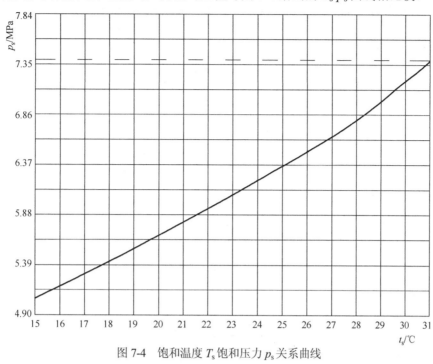

图 7-4　饱和温度 T_s 饱和压力 p_s 关系曲线

7.1.6　问题讨论

(1)什么叫临界状态点？在临界状态点以下的压缩现象和在临界状态点以上的压缩现象有何不同？

(2)如何利用压缩过程确定饱和气点和饱和液点？它和利用膨胀过程的测定结果是否相同？

(3)升压过程要缓慢进行，为什么？

7.2　气体比定压热容测定实验

气体比定压热容测定实验系统是一个设计性实验系统，它主要包括热力学参数测量系统的设计、加热和保温系统的设计，稳定状态的确认和维持、基本状态参数的测定和误差分析，以及实验安全和设备维护等方面的考虑。

7.2.1　实验目的

(1)初步掌握热力学实验系统的一般设计方法，熟悉热力学参数测量的仪器选择、仪器使用方法及其注意事项，了解气体比热容测定装置的基本原理和构思，利用已有设备设计搭建本实验系统的实验台。

(2)掌握比热容及其不同计量方法，熟悉比定压热容和比定容热容的定义及其相互关系，复习巩固理想气体的有关知识，能够用基本数据和基本公式计算各种比热容值。通过实验观察和定量测定不同温度下空气的比定压热容值。

(3) 通过数据整理，发现空气的比定压热容随温度变化的规律，绘制它们之间的关系曲线，进行定性的解释。数值分析实验结果的误差，并给出产生误差的原因及减少误差的可能途径。

7.2.2　实验原理

引用热力学第一定律解析式，对可逆过程，有

$$\delta q = \mathrm{d}u + p\mathrm{d}v \quad 和 \quad \delta q = \mathrm{d}h - v\mathrm{d}p \tag{7-5}$$

定压时，$\mathrm{d}p = 0$

$$c_p = \left(\frac{\delta q}{\mathrm{d}T}\right) = \left(\frac{\mathrm{d}h - v\mathrm{d}p}{\mathrm{d}T}\right) = \left(\frac{\partial h}{\partial T}\right)_p \tag{7-6}$$

式 (7-6) 直接由 c_p 的定义导出，故适用于一切工质。

在没有对外界做功的气体的等压流动过程中，

$$\mathrm{d}h = \frac{1}{m}\delta Q_p \tag{7-7}$$

则气体的比定压热容可以表示为

$$c_{pm}\Big|_{t_1}^{t_2} = \frac{Q_p}{m(t_2 - t_1)} \quad (\mathrm{kJ}/(\mathrm{kg \cdot ℃})) \tag{7-8}$$

式中，m 为气体的质量流量，kg/s；Q_p 为气体在等压流动过程中的吸热量，kJ/s。

由于气体的实际比定压热容随温度的升高而增大，它是温度的复杂函数。实验表明，理想气体的比热容与温度之间的函数关系甚为复杂，但总可表达为

$$c_p = a + bt + et^2 + \cdots \tag{7-9}$$

式中，a、b、e 等是与气体性质有关的常数。在离室温不很远的温度范围内，空气的比定压热容与温度的关系可近似认为是线性的，假定在 0～300℃，空气真实比定压热容与温度之间近似地有线性关系：

$$q = \int_{t_1}^{t_2} (a + bt)\,\mathrm{d}t \tag{7-10}$$

由 t_1 加热到 t_2 的平均比定压热容则可表示为

$$c_{pm}\Big|_{t_1}^{t_2} = \frac{\int_{t_1}^{t_2}(a + bt)\,\mathrm{d}t}{t_2 - t_1} = a + b\frac{t_1 + t_2}{2} \tag{7-11}$$

若以 $(t_1 + t_2)/2$ 为横坐标，$c_{pm}\Big|_{t_1}^{t_2}$ 为纵坐标 (图 7-5)，则可根据不同温度范围的平均比热容确定截距 a 和斜率 b，从而得出比热容随温度变化的计算式 $c_p = a + bt$。

大气是含有水蒸气的湿空气。当湿空气气流由温度 t_1 加热到 t_2 时，其中水蒸气的吸热量可用式 (7-12) 计算：

$$Q_\mathrm{w} = m_\mathrm{w} \int_{t_1}^{t_2} (1.844 + 0.0001172t)\,\mathrm{d}t \tag{7-12}$$

式中，m_w 为气流中水蒸气质量，kg/s。

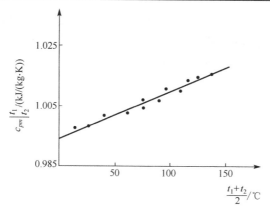

图 7-5　比热容随温度变化图

则干空气的平均比定压热容由式(7-13)确定：

$$c_{pm}\Big|_{t_1}^{t_2} = \frac{Q_p}{(m-m_w)(t_2-t_1)} = \frac{Q'_p - Q_w}{(m-m_w)(t_2-t_1)} \tag{7-13}$$

式中，Q'_p 为湿空气气流的吸热量。

7.2.3　实验装置

实验装置和测试仪表如图 7-6 和图 7-7 所示。

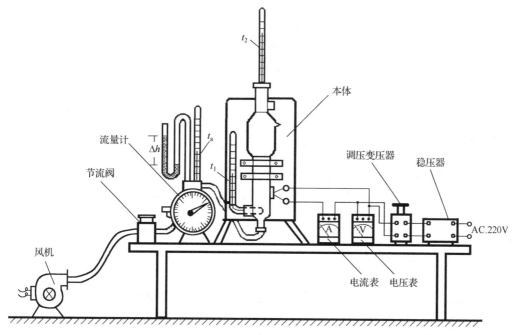

图 7-6　实验装置图

整个实验装置由风机、流量计、比热容仪本体、电功率调节及测量系统共四部分组成，如图 7-6 所示。

比热容仪本体如图 7-7 所示,由内壁镀银的多层杜瓦瓶 2、进口温度计 1、出口温度计 8(铂电阻温度计或精度较高的水银温度计)、电加热器 3、均流网 4、绝缘垫 5、旋流片 6 和混流网 7 组成。气体自进口管引入,进口温度计 1 测量其初始温度,离开电加热器 3 的气体经均流网 4 均流均温,出口温度计 8 测量加热终了温度,后被引出。该比热容仪可测 300℃ 以下气体的比定压热容。

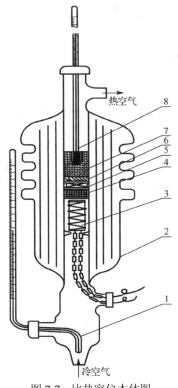

图 7-7　比热容仪本体图

1-进口温度计；2-多层杜瓦瓶；3-电加热器；4-均流网；5-绝缘垫；6-旋流片；7-混流网；8-出口温度计

7.2.4　实验方法与步骤

(1)接通电源及测量仪表,选择所需的出口温度计插入混流网的凹槽中。

(2)摘下流量计上的温度计,开动风机,调节节流阀,使流量保持在额定值附近。测出流量计出口空气的干球温度(t_0)和湿球温度(t_w)。

(3)将温度计插回流量计,调节流量,使它保持在额定值附近。逐渐提高电压,使出口温度升高至预计温度(可以根据下式预先估计所需电功率：$W \approx 12\Delta t/\tau$。式中,$W$ 为电功率,W；Δt 为进出口温度差,℃；τ 为每流过 10L 空气所需时间,s)。

(4)待出口温度稳定后(出口温度在 10min 之内无变化或有微小起伏,即可视为稳定),读出下列数据：每 10L 气体通过流量计所需时间(τ, s)；比热容仪进口温度(t_1, ℃)和出口温度(t_2, ℃)；当时大气压力(B, mmHg)和流量计出口处的表压(Δh, mmH₂O)；电加热器的电压(V, V)和电流(I, mA)。

(5)据流量计出口空气的干球温度和湿球温度,从湿空气的焓湿图查出含湿量(d, g/kg 干空气),并计算出水蒸气的容积成分 γ_w。

（6）电加热器消耗的功率可由电压和电流的乘积计算，但要考虑电表的内耗。如果伏特表和毫安表采用图 7-6 所示的接法，则应扣除毫安表的内耗。设毫安表的内阻为 $R_{mA}(\Omega)$，则可得电加热器单位时间放出的热量为 Q_p'。

（7）计算水蒸气和干空气质量流量，其中水蒸气和干空气可按理想气体处理。

7.2.5　注意事项

（1）切勿在无空气流通过的情况下使用电加热器，以免引起局部过热而损坏比热容仪。

（2）电加热器输入电压不得超过 220V，气体出口温度不得超过 300℃。

（3）加热和冷却缓慢进行，以防止温度计和比热容仪本体因温度骤升骤降而破损；加热时要先启动风机，再缓慢提高电加热器功率，停止实验时应先切断电加热器电源，让风机继续运行 10～20min。

（4）实验测定时，必须确信气流和测定仪的温度状况稳定后才能读数。

7.2.6　实验数据处理

（1）简述实验原理和仪器构成原理。

（2）列表给出所有原始数据记录。

（3）列表给出实验结果（进行数据处理，要附有例证）。

（4）与下述经验方程比较。

$$c_p = 1.02319 - 1.76019 \times 10^{-4} T + 4.02402 \times 10^{-3} \left(\frac{T}{100}\right)^2 - 4.87268 \times 10^{-4} \left(\frac{T}{100}\right)$$

式中，T 为空气的热力学温度，K。

7.2.7　问题讨论

（1）在本实验中，如何实现绝热？

（2）气体被加热后，要经过均流、旋流和混流后才测量气体的出口温度，为什么？简述均流网、旋流片和混流网的作用。

（3）尽管在本实验装置中采用了良好的绝热措施，但散热是不可避免的。不难理解，在这套装置中散热主要是由杜瓦瓶与环境的辐射造成的。你能否提供一种实验方法（仍利用现有设备）来消除散热给实验带来的误差？

7.3　喷 管 实 验

喷管是热工设备常用的重要部件，热工设备工作性能与喷管中气体流动过程有着密切关系。通过观察气流流经渐缩管道压力的变化，测定临界压力比，并计算在亚临界、超临界工作状态下各截面的压力比和马赫数等，进一步了解喷管中气流在亚临界、超临界工作状态下的流动特性。

观察在缩放喷管中气体流动现象，了解缩放喷管前后压力比等于、大于和小于设计压力比条件下，扩张段内气体参数的变化情况。

7.3.1 实验目的

(1)验证并进一步加深对喷管中气流基本规律的理解，熟练掌握临界压力、临界流速和最大流量等喷管临界参数的概念。

(2)比较熟练地掌握用热工仪表测量压力(负压)、压差及流量的方法。

(3)对喷管中气流的实际复杂过程有所了解，能定性解释激波产生的原因。

7.3.2 实验原理

1. 喷管中气流的基本规律

(1)由能量方程，气体的状态参数 p、v，流速 c，流量 q，焓 h 之间的关系为

$$\mathrm{d}q = \mathrm{d}h + \frac{1}{2}\mathrm{d}c^2$$

及

$$\mathrm{d}q = \mathrm{d}h - v\mathrm{d}p$$

可得

$$-v\mathrm{d}p = c\mathrm{d}c \tag{7-14}$$

可见，当气体流经喷管速度增加时，压力必然下降。

(2)由连续性方程：

$$\frac{A_1 \cdot c_1}{v_1} = \frac{A_2 \cdot c_2}{v_2} = \cdots = \frac{A \cdot c}{v} = 常数$$

有

$$\frac{\mathrm{d}A}{A} = \frac{\mathrm{d}v}{v} - \frac{\mathrm{d}c}{c}$$

及过程方程：

$$pv^k = 常数$$

有

$$\frac{k\mathrm{d}v}{v} = -\frac{\mathrm{d}p}{p}$$

式中，A 为喷管截面积，k 为比热容比。

根据式(7-14)，马赫数 $M = \dfrac{c}{a}$，而当地声速 $a = \sqrt{kpv}$，得

$$\frac{\mathrm{d}A}{A} = (M^2 - 1)\frac{\mathrm{d}c}{c} \tag{7-15}$$

显然，当来流速度 $M < 1$ 时，喷管应为渐缩喷管($\mathrm{d}A < 0$)；当来流速度 $M > 1$ 时，喷管应为缩放喷管($\mathrm{d}A > 0$)。

2. 气体流经喷管的临界概念

喷管气流的特征是 $\mathrm{d}p < 0$，$\mathrm{d}c > 0$，$\mathrm{d}v > 0$，三者互相制约。当某一截面的流速达到当

地声速(也称临界速度)时，该截面上的压力称为临界压力(p_c)。临界压力与喷管初压(p_1)之比称为临界压力比，有

$$\beta_{cr} = \frac{p_c}{p_1}$$

经推导可得

$$\beta_{cr} = \left(\frac{2}{k+1}\right)^{\frac{k}{k-1}} \tag{7-16}$$

对于空气，$\beta_{cr} = 0.528$。

当渐缩喷管出口处气流速度达到声速，或缩放喷管喉部气流速度达到声速时，通过喷管的气体流量便达到了最大值($\dot{m}_{max}$)，或称为临界流量，可由式(7-17)确定：

$$\dot{m}_{max} = A_{min}\sqrt{\frac{2k}{k+1}\left(\frac{2}{k+1}\right)^{\frac{2}{k-1}}\frac{p_1}{v_1}} \tag{7-17}$$

式中，A_{min} 为最小截面积(对于渐缩喷管，为出口处的流道截面积；对于缩放喷管，为喉部处的流道截面积。本实验台的两种最小截面积为 19.625mm^2)。

3. 气体在喷管中的流动

1) 渐缩喷管

渐缩喷管因受几何条件($dA < 0$)的限制，由式(7-15)可知：气体流速只能等于或低于声速($c \leq a$)；出口截面的压力只能高于或等于临界压力($p_2 \geq p_c$)；通过喷管的流量只能等于或小于最大流量($\dot{m}_{max}$)。根据不同的背压(p_b)，渐缩喷管可分为三种工况。

(1) 亚临界工况($p_b > p_c$)，此时 $m < \dot{m}_{max}$，

$$p_2 = p_b > p_c$$

(2) 临界工况($p_b = p_c$)，此时 $m = \dot{m}_{max}$，

$$p_2 = p_b = p_c$$

(3) 超临界工况($p_b < p_c$)，此时 $m = \dot{m}_{max}$，

$$p_2 = p_c > p_b$$

2) 缩放喷管

缩放喷管的喉部 $dA = 0$，因此气流可以达到声速($c = a$)；缩放段 $dA > 0$，出口截面的流速可超声速($c > a$)，其压力可大于临界压力($p_2 > p_c$)，但因喉部几何尺寸的限制，其流量的最大值仍为最大流量($m \leq \dot{m}_{max}$)。

气流在扩大段能完全膨胀，这时出口截面处的压力称为设计压力(p_d)。缩放喷管随工作背压不同，也可分为三种情况。

(1) 背压等于设计背压($p_b = p_d$)时，称为设计工况。此时气流在喷管中能完全膨胀，出口截面的压力与背压相等($p_2 = p_b = p_d$)，在喷管喉部，压力达到临界压力，速度达到声速。

在扩大段转入超声速流动，流量达到最大流量。

（2）背压低于设计背压（$p_b < p_d$）时，气流在喷管内仍按图 7-8 中的曲线 1 膨胀到设计压力。当气流离开出口时截面便与周围介质汇合，其压力立即降至实际背压值，如图 7-8 中的曲线 2 所示，流量仍为最大流量。

（3）背压高于设计背压（$p_b > p_d$）时，气流在喷管内膨胀过度，其压力低于背压，以至于气流在未达到出口截面处便被压缩，导致压力跃升（即产生激波），在出口截面处其压力达到背压，如图 7-8 中的曲线 3 所示。激波产生的位置随着背压的升高而向喷管入口方向移动，激波在到达喉部之前，其喉部的压力仍保持临界压力，流量仍为最大流量。当背压升高到某一值时，将脱离临界状态，缩放喷管便与文丘里管的特性相同了，其流量低于最大流量。

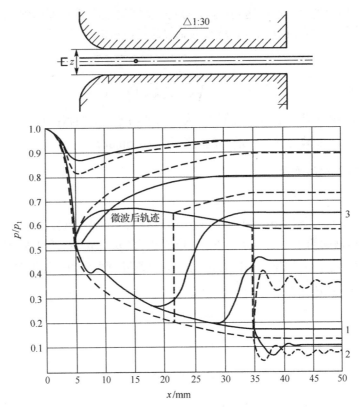

图 7-8　缩放喷管的压力曲线

7.3.3　实验装置

整个实验装置包括实验台和真空泵。

实验台由进气管、孔板流量计、喷管、测压探针、真空表及其移动机构、背压用调节阀、真空罐等部分组成，见图 7-9。

进气管 1 为 $\phi57mm \times 3.5mm$ 无缝钢管，内径 $\phi50mm$。空气吸气口 2 进入进气管，流过孔板流量计 3。孔板孔径 $\phi7mm$，采用角接环室取压。流量可从 U 形管压力计 4 读出。喷管 5 用有机玻璃制成。配给渐缩喷管和缩放喷管各一只。根据实验的要求，可松开夹持法兰上的紧固螺丝，向左推开进气管的三轮支架 6，更换所需的喷管。喷管各截面上的压力由插入喷管内的测压探针 7 (外径 $\phi1.2mm$) 连至可移动真空表 8 测得，它们的移动通过手轮螺杆机构 9 实现。由于喷管是透明的，测压探针上的测压孔 ($\phi0.5mm$) 在喷管内的位置可从喷管外部看出，也可从装在可移动真空表下方的测压探针在喷管轴向坐标板 (在图 7-9 中未画出) 上所指的位置来确定。喷管的排气管上还装有背压真空表 10，由背压用调节阀 11 调节。真空罐 12 直径 $\phi400mm$，体积 $0.118m^3$。起稳压的作用。真空罐的底部有排污口，供必要时排除积水和污物之用。为减小振动，真空罐与真空泵之间用软管 13 连接。

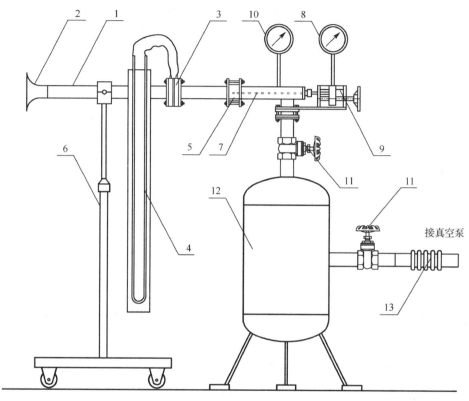

图 7-9　喷管实验台

1-进气管；2-空气吸气口；3-孔板流量计；4-U 形管压力计；5-喷管；6-三轮支架；7-测压探针；8-可移动真空表；9-手轮螺杆机构；10-背压真空表；11-背压用调节阀；12-真空罐；13-软管

在实验中必须测量四个变量，即测压孔在喷管内的不同截面位置 x、气流在该截面上的压力 p、背压 p_b、流量 m，这些量可分别用测压探针的位置、可移动真空表、背压真空表以及 U 形管压力计的读数来显示。

7.3.4　实验方法与步骤

(1) 装上所需的喷管，用坐标校准器调好位移坐标板的基准位置。

(2) 打开真空罐前的调节阀，将真空泵的飞轮盘车 1～2 圈。一切正常后，全开罐后调节阀，打开冷却水阀门，然后启动真空泵。

(3) 测量轴向压力分布。

① 用真空罐前调节阀调节背压至一定值 (见真空表读数)，并记录下该值。

② 转动手轮，使测压探针向出口方向移动。每移动一定距离 (一般为 2～3mm) 便停顿下

来，记录该点的坐标位置及相应的压力值，一直测至喷管出口之外。把各个点描绘到坐标纸上，便得到一条在这一背压下喷管的压力分布曲线。

③ 若要绘制若干条压力分布曲线，只要改变其背压值并重复步骤①～②即可。

(4)流量曲线的测绘。

① 把测压探针的引压孔移至出口截面之外，打开真空罐后调节阀，关闭真空罐前调节阀，启动真空泵。

② 用真空罐前调节阀调节背压，每一次改变 20～30mmHg，稳定后记录背压值和 U 形管压力计的读数。当背压升高到某一值时，U 形管压力计的液柱便不再变化(即流量已达到了最大值)。此后尽管不断提高背压，但 U 形管压力计的液柱仍保持不变，这时测 2 或 3 个点。至此，流量测量即可完成。

(5)实验结束后的设备操作。

打开真空罐前调节阀，关闭真空罐后调节阀，让真空罐充气；3min 后停真空泵并立即打开真空罐后调节阀，让真空泵充气(目的是防止回油)；关闭冷却水阀门。

7.3.5　实验数据处理

1. 压力值的确定

(1)本实验装置采用的是负压系统，表上读数均为真空度，为此须换算成绝对压力值 p：

$$p = p_a - p_{(v)} \tag{7-18}$$

式中，p_a 为大气压力，mbar(mbar=100Pa)；$p_{(v)}$ 为用真空度表示的压力。

(2)由于喷管前装有孔板流量计，气流有压力损失。本实验装置的压力损失为 U 形管压力计读数 Δp 的 97%。因此，喷管入口压力为

$$p_1 = p_a - 0.97\Delta p \tag{7-19}$$

(3)由式(7-18)和式(7-19)可得到临界压力 $p_c = 0.58 p_1$，在真空表上的读数(即用真空度表示)为

$$p_{c(v)} = 0.0472 p_a + 0.51\Delta p \tag{7-20}$$

计算时，式中各项必须用相同的压力单位(大致判断 $p_{c(v)}$ 为 380mmHg)。

2. 喷管实际流量测定

管内气流的摩擦形成边界层，从而减少了流通面积。因此，实际流量必然小于理论值。其实际流量为

$$m = 1.73 \times 10^{-4} \sqrt{\Delta p} \cdot \varepsilon \cdot \beta \cdot \gamma \quad (\text{kg/s}) \tag{7-21}$$

式中，γ 为几何修正系数(约等于 1.0)；Δp 为 U 形管差压计的读数，mmHg；ε 为流速膨胀系数，

$$\varepsilon = 1 - 2.873 \times 10^{-2} \sqrt{\frac{\Delta p}{p_a}} \tag{7-22}$$

β 为气态修正系数，

$$\beta = 0.538\sqrt{\frac{p_a}{T_a}} \tag{7-23}$$

式中，T_a 为室温，K；p_a 为大气压力，mbar。

7.3.6　实验报告要求

(1)以测压探针孔在喷管中的位置(x)为横坐标、$\dfrac{p}{p_1}$ 为纵坐标，绘制不同工况下的压力分布曲线。

(2)以压力比 $\dfrac{p_b}{p_1}$ 为横坐标、流量 m 为纵坐标，绘制流量曲线。

(3)根据条件，计算喷管最大流量的理论值，且与实验值比较。

7.3.7　问题讨论

(1)分析和比较用实验与计算值分别绘出的渐缩喷管的压力分布曲线以及流量分布曲线的差异。

(2)分析和比较用实验与计算值分别绘出的缩放喷管的压力分布曲线以及流量分布曲线的差异。

第 8 章　建筑环境测试技术实验

8.1　空气参数测定实验

室内空气调节的任务在于采用人工的方法，创造并保持一种能满足人的健康舒适度要求以及满足生产过程和科学实验要求的空气环境，这种空气环境是指室内空气温度、空气相对湿度、空气流动速度、人体周围围护结构内表面及其他物体的表面温度和空气的清洁度等。通常把影响人的冷热感觉和告知感的前面四个因素称为气象条件，而空气的气象条件是可以用各种仪表加以测量的。

8.1.1　实验目的

(1) 了解测量室内空气品质的各种仪器的使用及各项指标的测定方法。

(2) 掌握有关空气品质的概念、评价方法和影响因素。

(3) 了解影响室内空气品质的各项指标，掌握各项指标的测定方法及测定原理，通过对测试数据的分析，掌握室内空气品质综合评价方法，对室内空气品质有更全面的了解。

8.1.2　实验原理

本实验主要测量室内空气温度、空气相对湿度、空气流动速度及室内污染物的浓度。

用于测量室内外空气温度的仪表种类很多，如玻璃液体温度计、双金属温度计、热电偶温度计和电阻温度计等。常见的测量空气相对湿度的仪表有普通干湿球温度计、通风干湿球温度计、毛发湿度计等。本实验主要采用空气品质测试仪进行测量。

本实验所用到测试仪器或原理如表 8-1 所示。

表 8-1　测试仪器或原理表

测试项目	测试仪器或原理
速度	—
温度	—
相对湿度	—
二氧化碳浓度	采用气体滤波红外技术，依据气体对红外线特定波长有选择性吸收的原理计算气体浓度
一氧化碳浓度	采用气体滤波红外技术，依据气体对红外线特定波长有选择性吸收的原理计算气体浓度
总挥发性有机物 (total volatile organic compounds, TVOC)浓度	有机物电离后产生正、负离子，在电场的作用下，形成微弱电流，该电流与 TVOC 在空气中的含量成正比。通过测量该电流，来确定 TVOC 的浓度
甲醛浓度	采用泵吸入方式，气体样本进入传感器，该传感器为两电极传感器，有一个密封的储气室，经过分析以直读方式将甲醛含量显示出来
粉尘浓度	根据 90° 直角光散射原理，利用内置气泵将气体微粒吸入光学室中，再由光的散射来测量微粒的浓度
氡浓度	通过过滤器取一定体积的空气来收集氡，然后用 α 计数器测量滤料上的放射性，采用 α 潜能法计算出总 α 潜能浓度或各个子体的浓度

8.1.3　实验装置及仪器

测量室内气象参数的仪器仪表有很多，本实验所用到的仪器列于表 8-2 中。

表 8-2　实验仪器

测试项目	仪器名称	测试范围	精度
速度	德图多功能测量仪	0.6～20m/s	0.2 m/s
温度	TSI 8762 空气品质测试仪/德图多功能测量仪	0～60℃/20～70℃	0.6℃/0.4℃
相对湿度浓度	TSI 8762 空气品质测试仪/德图多功能测量仪	5%～95%/0%～100%	2%/2%
二氧化碳浓度	TSI 8762 空气品质测试仪	0～5000ppm	3%
一氧化碳浓度	TSI 8762 空气品质测试仪	0～500ppm	3%
TVOC 浓度	ppbRAE VOC 检测仪 (PGM-7240 型)	0～9999ppb	10%
甲醛浓度	INTERSCAN 4160 系列数字便携式小型甲醛分析仪	0～19.99ppm	2%
粉尘浓度	SIDEPAK AM510 型粉尘监测仪	0.001～20mg/m³	0.001mg/m³
氡浓度	RAD7 电子氡气检测仪	0.1～20000pCi/L	5%

注：1ppm=10^{-6}；1ppb=10^{-9}。

8.1.4　实验方法与步骤

1. 准备工作

测试前，首先熟悉本次实验涉及的仪器 TSI 8762 空气品质测试仪、ppbRAE VOC 检测仪（PGM-7240 型）、INTERSCAN 4160 系列数字便携式小型甲醛分析仪、SIDEPAK AM510 型粉尘监测仪、RAD7 电子氡气检测仪，了解各种仪器的简单操作，直到能正常进行实验测试，具体操作见仪器说明书。

2. 布置测点

在实验选定的房间中，按照布置原则对采样点进行布置。采样点的布置原则如下。
(1)现场采样时，采样点应距内墙面不小于 0.5m。
(2)现场采样时，采样点应距室内地面高度 0.8～1.5m。
(3)采样点应避开通风道和通风口。

3. 仪器连接及校正

打开实验仪器，按照操作说明，将需要连接的仪器进行连接，并对各仪器进行校正。

4. 采样测试

采样测试分为两个部分。
(1)在房间封闭状态下，将各仪器拨到采样挡位，进行测试，其中 INTERSCAN 4160 系列数字便携式小型甲醛分析仪需要手动记录数据，其他仪器中数据自动保存。一次测试结束，记录测试时间，并重复步骤 3～4，以达到测试次数要求。
(2)对房间进行通风，一段时间后，重复步骤 3～4，对室内各污染物参数进行测试，并记录测试数据及测试时间。

5. 数据传输

测试结束后，把实验仪器与计算机连接，将测试数据传输到计算机上，并进行整理。

6. 关闭仪器

整个实验测试结束，将仪器关闭，放在适当位置。

8.1.5　实验数据处理

(1)对所测试房间进行测量，根据采样点布置原则在房间内布置测点，并绘制房间平面图。
(2)将房间封闭状态下的原始数据记录于表 8-3 中。
(3)将房间通风状态下的原始数据记录于表 8-4 中。
(4)利用表 8-3 和表 8-4 中的原始数据，计算各测试指标的平均值，并根据测试指标平均值，利用综合指数法对测试房间进行空气品质评价。

表 8-3　房间封闭状态下原始数据

测试指标 ＼ 实验次数	1	2	3	4
温度				
相对湿度				
二氧化碳浓度				
一氧化碳浓度				
VTOC 浓度				
甲醛浓度				
粉尘浓度				
氡浓度				

表 8-4　房间通风状态下原始数据

测试指标 ＼ 实验次数	1	2	3	4
风速				
温度				
相对湿度				
二氧化碳浓度				
一氧化碳浓度				
VTOC 浓度				
甲醛浓度				
粉尘浓度				
氡浓度				

综合指数法是指直接用室内污染物浓度指标来评价室内空气品质的方法，其中分指数定义为污染物浓度 C_i 与指标上限值 S_i 之比，C_i 为第 i 种污染物测试值，S_i 为现有规范标准中的指标数据(表 8-5)，其倒数看作其权重系数，形象地表示了某种污染物浓度与其标准上限值之间的距离，由分指数有机组合而成的评价指数能够综合反映室内空气品质，借用综合平均指数及综合指数作为主要评价指数，算术叠加指数作为辅助评价指数。具体计算如下。

(1)计算算术叠加指数 P，它表示各个分指数叠加值：

$$P = \sum \frac{C_i}{S_i} \tag{8-1}$$

(2)计算综合平均指数 Q，它代表各个分指数的算术平均值：

$$Q = \frac{P}{n} \tag{8-2}$$

(3)计算综合指数 I，它适当兼顾最高分指数和平均分指数：

$$I = \sqrt{\left(\max\left|\frac{C_1}{S_1} \cdot \frac{C_2}{S_2} \cdot \cdots \cdot \frac{C_n}{S_n}\right|\right)Q} \tag{8-3}$$

以上各指数可以较为全面地反映出室内的平均污染水平和各种污染物之间的污染程度上的差异，综合指数法可以确定室内主要污染物及其水平，评定室内空气品质的等级，并可针对评价过程中发现的问题提出整改。由于室内环境中的污染物浓度很低，短期内对人体健康不会有明显作用。一般将室内空气品质分为五个等级，所对应的综合指数如表 8-6 所示。

表 8-5　室内空气质量标准

指标	单位	标准值	备注
速度	m/s	0.2	冬季适用
		0.3	夏季使用
温度	℃	22～28	夏季适用
		16～24	冬季适用
相对湿度	%	40～80	夏季适用
		30～60	冬季适用
二氧化碳(CO_2)浓度	mg/m³	1260	8h 均值
一氧化碳(CO)浓度	mg/m³	10	1h 均值
TVOC 浓度	mg/m³	0.6	日平均值
甲醛(HCHO)浓度	mg/m³	0.1	1h 均值
粉尘(PM10)浓度	mg/m³	0.15	日平均值
氡(Rn)浓度	Bq/m³	400	年平均值

表 8-6　室内空气品质等级表格

综合指数	室内空气品质等级	等级评语
≤0.49	I	清洁
0.50～0.99	II	未污染
1.00～1.49	III	轻污染
1.50～1.99	IV	中污染
≥2.00	V	重污染

将房间封闭状态下数据的计算结果记录于表 8-7 中。

表 8-7　计算结果(一)

P	Q	I	空气品质等级	等级评语

将房间通风状态下数据的计算结果记录于表 8-8 中。

表 8-8　计算结果(二)

P	Q	I	空气品质等级	等级评语

8.1.6　问题讨论

(1)实验中用到仪器的测试原理是否与建筑环境测试技术中讲到的一致? 有何不同?

(2)在粉尘浓度测试中有几种粉尘采样装置? 区别是什么?

(3)除实验中测试的几项污染物指标外, 还有没有其他影响室内空气品质的污染物?

(4)实验中利用综合指数法对室内空气品质进行评价, 还有没有其他的一些评价方法? 请列举。

(5)室内空气品质评价分为主观评价和客观评价, 两者有什么区别? 本实验用到的评价方法属于哪类评价方法?

(6)你对目前国内外室内空气品质发展有何看法?

附录　物理单位间的换算关系

1. 浓度单位 ppm 与 mg/m³ 的换算

$$质量浓度(\text{mg/m}^3) = M/22.4 \times C \times [273/(273+T)] \times (P/101325)$$

式中, M 为气体分子质量; C 为测定的体积浓度值, ppm; T 为气体温度, K; P 为测量时的大气压力, Pa。

2. 浓度单位 ppm 与 mg/m³ 的换算

ppb 是 ppm 的 1/1000, 所以,

$$质量浓度(\text{mg/m}^3) = M/22.4 \times 1000 \times C \times [273/(273+T)] \times (P/101325)$$

式中, M 为气体分子质量; C 为测定的体积浓度值, ppm; T 为气体温度, K; P 为测量时的大气压力, Pa。

8.2　流量测量实验

流量测量实验是建筑环境测试技术课程的综合性实验, 涵盖了建筑环境测试技术和流体输配管网两门课程的知识点, 主要包括各种流量计测流量的方法, 管网中阻力数的计算及串、并联管段阻力数间的关系。

8.2.1　实验目的

(1)掌握孔板流量计、文丘里流量计、涡街流量计、涡轮流量计及容积法测定流量的基本原理与方法。

(2)确定串、并联管段中阻力数的计算方法。

8.2.2　实验原理

实验装置原理图如图 8-1 所示，在流道中安装了不同形式的流量计，有文丘里流量计、涡街流量计、涡轮流量计和孔板流量计，在流道的末端安装计量水箱，通过计量水箱可以用容积法进行流量的测量，通过巡检仪测定不同截面的流量，通过压力变送器测定不同管段的压力损失，确定管段串联和并联时的阻力数。

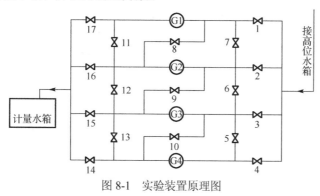

图 8-1　实验装置原理图

1～17-阀门；G1-文丘里流量计；G2-涡街流量计；G3-涡轮流量计；G4-孔板流量计

1. 孔板流量计

孔板流量计主要包含两部分：孔板本体和取压装置。标准孔板的形状如图 8-2 所示。它是带有圆孔的板，圆孔与管道同心，直角入口边缘非常锐利。

取压装置是指取压的位置与取压口的结构形式的总称。国际上常用的取压方式有角接取压、法兰取压和 D 与 $0.5D$ 取压，主要为前两种。

（1）角接取压装置。角接取压装置包括单独钻孔取压用的夹紧环和环室取压用的环室，如图 8-3 所示。

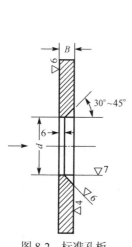

图 8-2　标准孔板

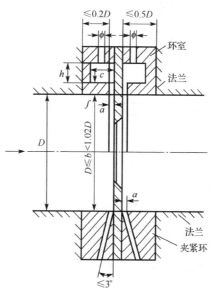

图 8-3　环室取压和单独钻孔取压装置结构

b 为夹紧环的内径

(2)法兰取压装置。法兰取压装置即设有取压孔的法兰，其结构如图 8-4 所示。

2. 文丘里流量计

文丘里管由收缩段、圆筒形喉部和圆锥形扩散管三部分所组成。按收缩段的形状不同，又分为古典文丘里管和文丘里喷嘴。

(1)古典文丘里管。古典文丘里管由入口圆筒段 A、圆锥形收缩段 B、圆筒形喉部 C 和圆锥形扩散段 E 组成。按圆锥形收缩段内表面加工的方法和圆锥形收缩段与圆筒形喉部相交的型线的不同，又可分为粗糙收缩段式古典文丘里管、经加工的收缩段式古典文丘里管和粗焊铁板收缩段式古典文丘里管。古典文丘里管的几何型线如图 8-5 所示。

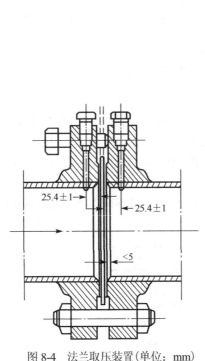

图 8-4　法兰取压装置(单位：mm)

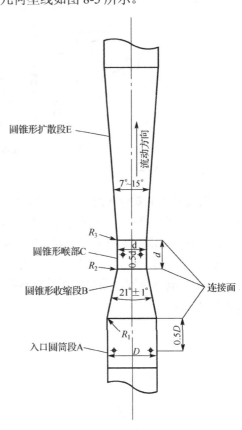

图 8-5　古典文丘里管的几何型线

(2)文丘里喷嘴。文丘里喷嘴的型线如图 8-6 所示。它由呈弧形的收缩段、圆筒形喉部和圆锥形扩散段构成。

文丘里流量计和孔板流量计都属于节流式流量计，即在管流中接入文丘里管或安装一块孔板，强制地改变局部地方的管流速度和压强，测量其压差就可以计算管道流量。

为了计算管道的流量，在管道中安装一个文丘里流量计或孔板流量计，对于如图 8-7 和图 8-8 所示的断面，应用伯努利方程，则

$$z_1 + \frac{p_1}{\rho g} + \frac{\alpha_1 v_1^2}{2g} = z_2 + \frac{p_2}{\rho g} + \frac{\alpha_2 v_2^2}{2g} \tag{8-4}$$

式中，z_1、z_2分别为测压管断面 1、2 的位置水头，m，本实验 $z_1 = z_2$；$\dfrac{p_1}{\rho g}$、$\dfrac{p_2}{\rho g}$ 分别为测压管断面 1、2 的压力水头，其值可用 h_1、h_2 的读数表示，m；α_1、α_2 为动能修正系数，其值约等于 1；v_1、v_2 为测压管断面 1、2 处液体的速度。

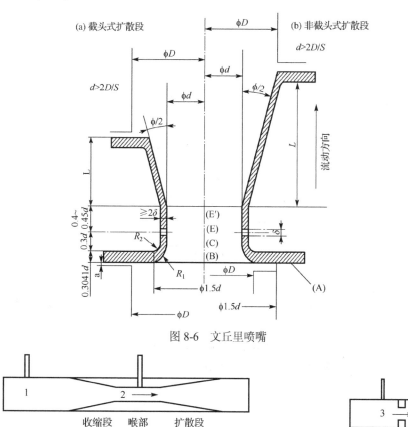

图 8-6　文丘里喷嘴

图 8-7　文丘里流量计

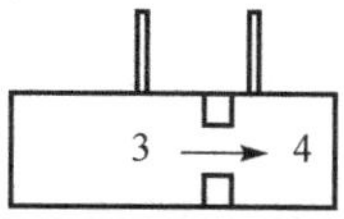

图 8-8　孔板流量计

利用连续性方程 $v_1 A_1 = v_2 A_2$，式(8-4)可转化为

$$v_2 = \sqrt{\frac{2(p_1 - p_2)/\rho}{1 - (d_2/d_1)^4}} \tag{8-5}$$

利用测压管直接测量压差，有 $p_1 - p_2 = \rho g (h_1 - h_2)$，于是，

$$v_2 = \sqrt{\frac{2g(h_1 - h_2)}{1 - (d_2/d_1)^4}} \tag{8-6}$$

速度与截面积相乘就可以计算流量，上面的计算中没有考虑黏性的影响，因此，流量的表达式可修正为

$$Q = \mu A_2 v_2 = \mu \frac{\pi d_2^2}{4} \sqrt{\frac{2g(h_1 - h_2)}{1 - (d_2/d_1)^4}} \tag{8-7}$$

式中，μ 为文丘里流量计的流量系数，工艺精良的文丘里流量计的流量系数 μ 达 0.99 以上。

利用孔板装置也可以测量管道的流量，如图 8-8 所示，流体受到孔板的节制，在孔板的下游形成一股射流，图中的断面 4 是射流喉部，对断面 3 和 4 应用伯努利方程：

$$z_3 + \frac{p_3}{\rho g} + \frac{\alpha_3 v_3^2}{2g} = z_4 + \frac{p_4}{\rho g} + \frac{\alpha_4 v_4^2}{2g} \tag{8-8}$$

利用连续性方程 $v_3 A_3 = v_4 A_4$，得到射流喉部的流速：

$$v_4 = \sqrt{\frac{2(p_3 - p_4)/\rho}{1 - (A_4/A_3)^2}} \tag{8-9}$$

喉部的压强不能直接测出，一般用管壁上的静压 p_0 代替，显然，

$$p_3 - p_4 = \rho g(h_3 - h_4) \tag{8-10}$$

射流喉部的速度为

$$v_4 = \sqrt{\frac{2g(h_3 - h_4)}{1 - (A_4/A_3)^2}} \tag{8-11}$$

流量 $Q = A_4 v_4$，引入流量系数，有

$$Q = \mu A_0 \sqrt{2g(h_3 - h_4)} \tag{8-12}$$

式中，A_0 为孔口面积。

显示，流量系数 μ 的取值除了受到黏性的影响，还取决于孔口面积与管道面积的比值 A_0 / A。

标定文丘里流量计或孔板流量计的流量系数 μ 的方法是：用容积法测出流量 Q，读取测压管的液柱高度，利用式(8-7)或式(8-12)确定 μ 值。

3. 涡街流量计

涡街流量计的测量原理见 4.5.4 节。

4. 涡轮流量计

当被测流体通过时，冲击涡轮叶片，使涡轮旋转，在一定的流量范围内、一定的流体速度下，涡轮转速与流速成正比。当涡轮转动时，涡轮上由导磁不锈钢制成的螺旋形叶片轮流接近处于管壁上的检测线圈，周期性地改变检测线圈磁电回路的磁阻，使通过线圈的磁通量发生周期性变化，使检测线圈产生与流量成正比的脉冲信号。此信号经前置放大器放大后，可远距离传送至显示仪表，在显示仪表中对输入脉冲进行整形，然后一方面对脉冲信号进行积算以显示总量，另一方面将脉冲信号转换为电流输出指示瞬时流量。将涡轮的转速转换为电脉冲信号，除上述磁阻方法外，也可采用感应方法，这时转子用非导磁材料制成，将一小块磁钢埋在涡轮的内腔，当磁钢在涡轮带动下旋转时，固定于壳体上的检测线圈中感应出电脉冲信号。涡轮流量计结构如图 8-9 所示。

磁阻方法比较简单，并可提高输出电脉冲频率，有利于提高测量准确度。

当叶轮处于匀速转动的平衡状态，并假定涡轮上所有的阻力矩均很小时，可得到涡轮运动的稳态公式：

$$\omega = \frac{v_0 \tan \beta}{r} \tag{8-13}$$

式中，ω 为涡轮的角速度；v_0 为作用于涡轮上的流体速度；r 为涡轮叶片的平均半径；β 为叶片对涡轮轴线的倾角。

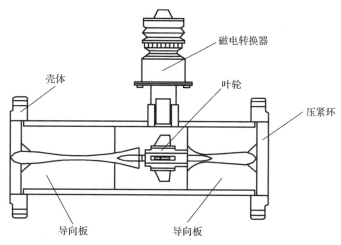

图 8-9　涡轮流量计结构

检测线圈输出的脉冲频率为

$$f = nz = \frac{\omega}{2\pi} z \tag{8-14}$$

或

$$\omega = \frac{2\pi f}{z} \tag{8-15}$$

式中，z 为涡轮上的叶片数；n 为涡轮的转速。

$$v_0 = \frac{q_v}{F} \tag{8-16}$$

式中，q_v 为流体体积流量；F 为流量计的有效通流面积。

$$f = \frac{z \tan \beta}{2\pi r F} q_v \tag{8-17}$$

令 $\xi = \dfrac{f}{q_v}$，ξ 称为仪表常数，

$$\xi = \frac{z \tan \beta}{2\pi r F} \tag{8-18}$$

5. 管道的阻力数

在管路系统中各管段的压力损失和流量分配取决于各管段的连接方法——串联和并联，以及各管段的阻力数 s 值。管段的阻力数表示当管段通过单位流量时的损失值。

压力损失与阻力数的关系为

$$\Delta P = sG^2 \tag{8-19}$$

1)串联

对于由串联管段组成的管路，串联管段的总压降为

$$\Delta P = \Delta P_1 + \Delta P_2 + \Delta P_3 + \Delta P_4 \tag{8-20}$$

式中，ΔP_1、ΔP_2、ΔP_3、ΔP_4 为各串联管段的压力损失，Pa。

流量与阻力数的关系为

$$S_{ch}G^2 = s_1G^2 + s_2G^2 + s_3G^2 + s_4G^2 \tag{8-21}$$

式中，G 为管路的流量，kg/h；s_1、s_2、s_3、s_4 为各串联管段的阻力数，Pa/$(kg/h)^2$；S_{ch} 为串联管段管路的总阻力数，Pa/$(kg/h)^2$。

2)并联

对于并联管路，管路的总流量为各并联管段流量之和：

$$G = G_1 + G_2 + G_3 + G_4 \tag{8-22}$$

因此阻力数之间的关系为

$$\sqrt{\frac{1}{S_b}} = \sqrt{\frac{1}{s_1}} + \sqrt{\frac{1}{s_2}} + \sqrt{\frac{1}{s_3}} + \sqrt{\frac{1}{s_4}} \tag{8-23}$$

式中，S_b 为并联管路的总阻力数，Pa/$(kg/h)^2$

8.2.3　实验方法与步骤

(1)熟悉实验原理及实验设备。

(2)观测各测量仪表，使其处于良好工作状态。

(3)接通电源，使系统稳定运行。

(4)根据实验内容选择相应的通道进行流量对比，具体的实验步骤自行拟定。

8.2.4　实验数据处理

(1)对比四种流量计所测得的流量和容积法测得的流量，计算各流量计的误差。

(2)求当管路串联和并联时管路的阻力系数。

本实验需制定表格，记录单独环路及串联和并联管路中各测点的流量值与压差值，计算出各被测管段的阻力系数，进行流量对比和误差分析，并指出四种流量计的优缺点。

8.2.5　问题讨论

(1)说出串联和并联时管段的总阻力系统与各管段的阻力系统的关系。

(2)你还能说出哪几种流量计？它们的测量原理是什么？

(3)测量风管的风速和流量可以应用哪些流量计？应该注意哪些问题？

第9章 流体输配管网实验

9.1 离心泵性能实验

生产中所处理的原料及产品大多为流体。按照生产工艺的要求，制造产品时往往需要把它们依次输送到各设备内进行反应；产品又常需输送到储罐内储存。如果欲满足上述所规定的条件，把流体从一个设备输送到另一个设备，需要输送设备给流体以一定的速度。生产中，由于各种因素的制约，如场地、设备费用、工艺要求等，各设备之间流体流动需要消耗能量，流体以一定速度在管内流动也需要能量。这样，就需要给流体提供能量的输送设备。为液体提供能量的输送设备称为泵，为气体提供能量的输送设备称为风机及压缩机。泵种类很多，按照工作原理的不同，分为离心泵、往复泵、旋转泵、漩涡泵等；风机及压缩机有通风机、鼓风机、压缩机、真空泵等。其作用均是对流体做功，提高流体的压强。本实验主要介绍离心泵。

离心泵一般用电机带动，在启动前需向壳内灌满被输送的液体，启动电机后，泵轴带动叶轮一起旋转，充满叶片之间的液体也随着转动。在离心力的作用下，液体从叶轮中心被抛向外缘的过程中便获得了能量，使叶轮外缘的液体静压强提高，同时增加了液体的动能。液体离开叶轮进入泵壳后，由于泵壳中流道逐渐加宽，液体的流速逐渐降低，一部分动能转化为静压能，使泵出口处液体的压强进一步提高，于是液体以较高的压强从泵的排出口进入管路，输送至所需的场所。

一个完整的流体输送系统必须包括的主要设备及仪表如下。

(1)泵(或风机、压缩机)：对流体做功，提高流体压强。

(2)进、出口阀门：控制流体流量。

(3)压力表：测量流体的压强。

(4)管道：流体流动的通道。

离心泵是化工生产中应用最广的一种流体输送设备。它的主要特性参数包括流量 Q、扬程 H、功率 N 和效率 η。这些特性参数之间是相互联系的，在一定转速下，H、N、η 都随着 Q 变化而变化；离心泵的扬程 H、功率 N、效率 η 与流量 Q 之间的对应关系若以曲线 H-Q、N-Q、η-Q 表示，则称为离心泵的特性曲线，可由实验测定。特性曲线是确定离心泵的适宜操作条件和选用离心泵的重要依据。

离心泵的特性曲线在出厂前均由制造厂提供，供用户选用。制造厂所提供的离心泵的特性曲线一般都是在一定转速和常压下以常温的清水为介质测定的。在实际生产中，所输送的液体多种多样，其性质(如密度、黏度等)各异，泵的性能也将发生变化，厂家提供的特性曲线将不再适用，如泵的轴功率随液体密度变化而改变，随黏度变化，泵的扬程、效率、功率等均发生变化。此外，若改变泵的转速或叶轮直径，泵的性能也会发生变化。因此，用户要根据不同的介质校正其特性曲线后选用。

9.1.1　实验目的

(1)掌握离心泵流量 Q、扬程 H、功率 N 以及效率 η 的测定方法。
(2)了解离心泵运行特点以及调节特性曲线。
(3)增进对离心泵串、并联运行工况及其特点的感性认识。

9.1.2　实验原理

1. 扬程 H 的测试与计算

$$H = 100(P + P_V) + Z + \frac{v_2^2 - v_1^2}{2g} \tag{9-1}$$

式中，P 为压力表读数，MPa；P_V 为真空压力表读数，MPa；Z 为压力表与真空压力表接出点之间的高度，m；v_1、v_2 为泵的进出口流速，m/s。

一般进、出口管径相同，$v_1 = v_2$，所以 $\frac{v_2^2 - v_1^2}{2g} = 0$，由此，

$$H = 100(P + P_V) + Z \tag{9-2}$$

1)并联

$$H = \Delta Z + 100(P + P_V) \tag{9-3}$$

式中，H 为离心泵的扬程(压头)，m；ΔZ 为泵的进、出口压力表间的垂直距离，m；P,P_V 为泵进口和出口压力表的读数，MPa；100 为单位间的换算系数。

2)串联

$$H = \Delta Z + 100(P_V + P_B + P_{VA} + P_{VB}) \tag{9-4}$$

式中，P_A、P_B 为 A、B 泵出口压力表读数，MPa；P_{VA}、P_{VB} 为 A、B 泵进口真空表读数，MPa。

2. 流量 Q 的测试与计算

用计量水箱实测流量。在某一工况下流量稳定时，利用计量水箱测定一定时间间隔 t 内泵流出的容积 W，即可计算出泵的流量：

$$Q = \frac{W}{t} \tag{9-5}$$

3. 泵的实用功率 N 和泵的效率 η 的测试与计算

在离心泵综合实验台上，通过电功率表(或电压表和电流表)测定泵的驱动电机的输入电功率 N_m，再将 N_m 乘以电机效率 η，即可得出泵的实用功率 N(也就是电机的输入功率)：

$$N = \eta \cdot N_m \tag{9-6}$$

而泵在一定工况下得效率 η：

$$\eta = \frac{\gamma Q H}{1000N} \tag{9-7}$$

式中，γ 为流体容重，本实验取 $\gamma = 9.80 \text{kN/m}^3$；$Q$ 为泵的流量，m^3/s；H 为泵的扬程，m；N 为在此工况下的实用功率，kW。

此外，也可以通过马达天平法进行测量。将电机转子固定于轴承上，使电机定子可自由转动。当定子线圈通入电流时，定子与转子之间便产生一个感应力矩 M，该力矩使定子和转子按不同的方向各自旋转。若在定子上安装一套天平，使之对定子作用一个反向力矩 M'。当定子静止不动时，两个力矩相等。因此，只要测得天平砝码的重量和砝码定子中心的距离，便可以求出感应力矩 M。该力矩与转子旋转角度的乘积即电机的输出功率。

转子的旋转角度 ω 可通过转速表测量转子的转速求得

$$N = M\omega$$
$$M = mgL \tag{9-8}$$
$$\omega = \frac{2\pi n}{60}$$

式中，N 为电机的输出功率，W；M 为定子与转之间的感应力矩，N·m；ω 为转子的旋转角速度，rad/s；L 为砝码至电机中心的距离，m；n 为电机的转速，r/min。

4. 离心泵并联工作特性的测定

当用单泵不能满足工作需要的流量时，可采用两台(或两台以上)泵并联的工作方式。离心泵并联之后，在同一扬程下，其总流量是两台泵的流量之和。并联后的系统特性曲线，就是在各相同的扬程下，将两台泵的特性曲线 $(Q\text{-}H)_{\text{I}}$ 和 $(Q\text{-}H)_{\text{II}}$ 上的对应流量相加，得到并联后的各相应合成流量，最后绘出理想的 $(Q\text{-}H)_{\text{并}}$ 曲线。

本实验台的两台离心泵具有相同规格，实验时，先分别测绘出单台泵 I 和泵 II 工作时的特性曲线 $(Q\text{-}H)_{\text{I}}$ 和 $(Q\text{-}H)_{\text{II}}$，把它们合成两台泵并联的总特性曲线 $(Q\text{-}H)_{\text{并}}$，再将两台泵并联运行，测出并联工况下的某些实际运行工作点，并与理想的总特性曲线上相应点进行比较。

5. 离心泵串联工作特性的测定

当用单泵不能满足工作需要扬程时，可采用两台(或两台以上)泵串联的工作方式。离心泵串联之后，通过每台泵的流量是相同的，而合成扬程是两台泵的扬程之和。串联后系统的总特性曲线，是在同一流量下，将两台单泵的特性曲线 $(Q\text{-}H)_{\text{I}}$ 和 $(Q\text{-}H)_{\text{II}}$ 上对应的扬程叠加起来，得到串联后的合成扬程，从而可绘出理想 $(Q\text{-}H)_{\text{串}}$ 曲线。

本实验台是两台相同性能的泵并联，实验时，先分别测绘出单台泵 I 和泵 II 工作时的特性曲线 $(Q\text{-}H)_{\text{I}}$ 和 $(Q\text{-}H)_{\text{II}}$，把它们合成两台泵串联的总特性曲线 $(Q\text{-}H)_{\text{串}}$，再将两台泵串联运行，测出串联工况下的某些实际运行工作点，并与理想总特性曲线上相应点进行比较。

9.1.3　实验装置及仪器

本实验使用离心泵综合实验台，实验台的结构简图如图 9-1 所示。

在进行离心泵性能实验时，利用各相应阀门的开、闭调节，形成泵 I (或泵 II)单泵工作回路，在一定流量下测定一组相应的压力表读数 M、真空表读数 V、测试流量的压力计读数 h(或利用水箱、秒表来测量泵的流量)，以及功率表 15 的读数电机输入功率 N_{m}(或利用电压

表读数 U 和电流表读数 I) 计算求得。为了测试方便，将电机的输入功率 N_m 乘以电机的效率 η，可得到电机的轴功率 N(即泵的输入功率，也称泵的实用功率)。由此，通过改变泵 I 出水阀 11 的开度可得到泵在多组不同工况下的流量 Q、扬程 H、实用功率 N 等数据，据此可绘出泵的 $Q\text{-}H$、$Q\text{-}N$ 和 $Q\text{-}\eta$ 等特性曲线。在进行泵的串、并联实验时，利用相应阀门开、闭和调节，形成两个泵的串联或并联回路，同理可以测定串、并联工况的运行特性。

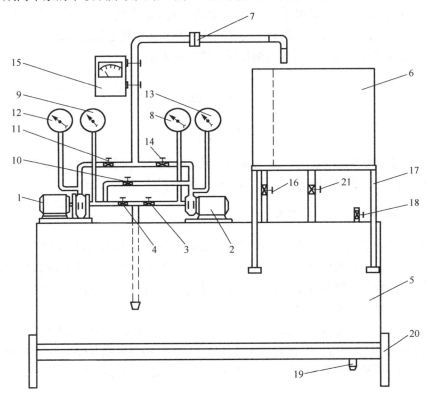

图 9-1　离心泵综合实验台结构图

1-泵 I；2-泵 II；3-泵 II 上水阀；4-泵 I 上水阀；5-储水箱；6-计量水箱；7-混合阀
8-真空、表；9-真空压力表；10-串联阀；11-泵 I 出水阀；12、13-压力表
14-泵 II 出水阀；15-功率表(电流表/电压表)；16-回水阀；17-计量水箱支架
18-储水箱排气阀；19-泄水阀；20-实验台基架；21-计量水箱放水阀

9.1.4　实验方法与步骤

1. 准备工作

(1)记录实验台的主要技术指标和参数。

离心泵：型号为　　　　　　　　　　　；

　　　　　最大流量为　　　　　　　　；　　　最大扬程为　　　　　　　　　　；

　　　　　电机额定功率为　　　　　　；　　　电机额定转速为　　　　　　　　；

　　　　　电机效率为　　　　　　　　；　　　泵进口管径为　　　　　　　　　；

　　　　　压力表与真空压力表接出点之间的高差 Z 为　　　　　　　　　　　　。

(2)打开阀门 18、21，将储水箱充满水，关闭阀门 18。

(3)关闭阀门 3、10、14，打开阀门 4、11、16。

2. 离心泵Ⅰ特性曲线(Q-H 曲线、Q-N 曲线、Q-η 曲线)的测定

(1)接通电源，开动泵Ⅰ，使泵Ⅰ系统运转，此时关闭阀门 11，为空载状态，测读压力表 12 读数 P，真空压力表 9 读数 P_V，并换算成相应的水柱高。

(2)略开阀门 11，泵开始出水，再测度 P、P_V，利用计量水箱和秒表测出在此工况下的水流量 Q 和功率表读数 N_m。

(3)逐渐调节阀门 11，增加出水开度，重复上述步骤，测定各相应工况的 M、V、h、N_m 并记录在表 9-1 中。

3. 离心泵Ⅱ特性曲线(Q-H 曲线、Q-N 曲线、Q-η 曲线)的测定

关闭阀门 4、11，打开阀门 3、14，开动泵Ⅱ，使泵Ⅱ系统运转。参照步骤 2 测定泵Ⅱ的 Q-H 曲线。

4. 两台泵并联工况下某些工作点的测定

开启阀门 3、4、11、14，关闭阀门 10。启动泵Ⅰ、泵Ⅱ，调节阀门 11 和 14，使泵Ⅰ和泵Ⅱ都指示在同一扬程 $H_I = H_{II} = H_{并}$，此时记录孔板流量计相应压差值，由此测得一个工况下的 H 和 Q。

按照上述方法，再测试出不同并联工况下的 H 和 Q，即改变 H，测出相应的 Q。将实验结果记录在表 9-2 中。

5. 两台泵串联工况下某些工作点的测定

开启阀门 3，关闭阀门 10、11、4、14。先启动泵Ⅱ，待其运行正常后，打开阀门 10，再启动泵Ⅰ，待泵Ⅰ也运行正常后，打开泵Ⅱ的阀门 11。

调节阀门 11，即调到某一扬程和流量的工况，在此工况下，测读压力表 12 和真空压力表 8 的值得出相应的 H，计算出该工况下的 Q。

按照上述方法，再测试出不同串联工况下的 H 和 Q，将实验结果记录在表 9-2 中。

6. 关闭仪器

整个实验测试结束，将仪器关闭。

9.1.5　实验数据处理

1. 实验数据记录

把实验所测得的数据填入表 9-1 和表 9-2 中。

表 9-1　数据记录表(一)(离心泵 I 单台运行)

编号	M		V		$H(M+V+Z)$ /mmH$_2$O	N_m /kW	N /kW	H /mmHg	Q /(m³/s)	η
	/MPa	/mmH$_2$O	/MPa	/mmH$_2$O						
1										
2										
3										
4										
5										
6										

2. 离心泵特性曲线图

根据表 9-1 的实验记录和计算的数据,即可在坐标系中描出各工况的实验点,用光滑曲线拟合各点,绘制出该实验泵的单泵的 Q-H、Q-N 和 Q-η 等特性曲线和双泵时的 Q-H 特性曲线。

表 9-2　数据记录表(二)

	序号	1	2	3	4	5	6	7	8
泵 I	H/mmH$_2$O								
	Q/(m³/s)								
泵 II	M/MPa								
	V/MPa								
	H/mmHg								
	Q/(m³/s)								
并联	M/MPa								
	V/MPa								
	H/mmH$_2$O								
	h/mmH$_2$O								
	Q/(m³/s)								
串联	M/MPa								
	V/MPa								
	H/mmH$_2$O								
	h/mmH$_2$O								
	Q/(m³/s)								

9.1.6　问题讨论

(1)离心泵分别在串联和并联工况下运行时各有什么特性?

(2)实验中用到的离心泵效率测定方法是什么?对具体算法能否给出推导?

(3)流量测定有多种方法,请具体介绍几种。

(4)从理论上分析离心泵运行的特性。

(5)真空压力表和压力表有什么区别?为什么泵入口用真空压力表而出口用压力表测量?

(6)压力传感器是如何实现压力测定的?

(7)讨论实验中获取参数的手段。

9.2　风机性能测定实验

风机内气体流通具有复杂性，目前还很难用单纯理论计算方法十分准确地求得同流部分的各种损失的数据，所以尚不能以理论计算方法获得全部特性曲线。针对这情况，用实验的方法开展风机的研究或对已有产品求得其真实性能就显得尤其重要。

风机性能测定实验一般包括空气动力性能实验和力学性能实验等，这些实验是在风机做机械运转后进行的。风机性能实验的目的在于，通过测试与计算，求得风机在给定转速下的流量、压力、所消耗功率、效率、噪声等是否达到设计规定的要求及其相互关系，并绘制其特性曲线。因此，风机性能测定实验是保证风机质量和获得风机性能特性的一项重要工作。

9.2.1　实验目的

（1）了解风机的风量与压头、功率以及效率等参数之间的变化关系，加强对风机运行工况的认识。

（2）学习本实验中所涉及的各种参数的测量方法，掌握风机性能计算的方法。

（3）熟悉风机性能测定实验系统软件的操作。

9.2.2　实验原理

在一定条件下，风机的性能主要由风机流量、风机进/出口压力、风机静压、风机压力、风机静空气功率、风机空气功率、风机静效率、风机效率等来衡量。

（1）实验环境的空气密度 ρ_a。

$$\rho_a = \frac{p_a - 0.378 p_v}{287 T_a} \tag{9-9}$$

式中，T_a 为热力学温度，$T_a = t_a + 273.15$；p_v 为水蒸气分压力，$p_v = (p_{sat})_{tw} - p_b A_w (t_d - t_w)$ $(1 + 0.00115 t_w)$；A_w 为系数，$A_w = 6.66 \times 10^{-4}$；$(p_{sat})_{tw}$ 为湿球温度下的饱和水蒸气压力；t_a 为靠近风机进口处的温度；t_w 为实验环境的湿球温度；p_b 为大气压力。

（2）湿空气气体常数 R_w。

$$R_w = \frac{287}{1 - 0.387 p_v / p_b} \tag{9-10}$$

（3）静压比 r_d。

$$r_d = \frac{p_{e6} - \Delta p + p_b}{p_{e6} + p_b} \tag{9-11}$$

式中，p_{e6} 为上游段压力（表压）；Δp 为通过喷嘴的静压差。

（4）膨胀系数 ε。

$$\varepsilon = \left(\frac{1.4 r_d^{1/0.7}}{0.4} \cdot \frac{1 - r_d^{0.4/1.4}}{1 - r_d} \right)^{0.5} \tag{9-12}$$

(5)雷诺数 Re_d。

$$Re_d = 0.95\varepsilon d \frac{\sqrt{2\rho_6 \Delta p}}{17.1 + 0.048t} \times 10^6 \tag{9-13}$$

式中，$\rho_6 = \dfrac{p_{e6} + p_a}{R_w(t + 273.15)}$；$t$ 为风室温度，℃；d 为喷嘴喉道直径，m。

(6)喷嘴排出系数 C_j。

$$C_j = 0.9986 - \frac{6.688}{\sqrt{Re_d}} + \frac{131.5}{Re_d} \tag{9-14}$$

(7)质量流量 q_m。

$$q_m = \varepsilon\pi \sum_{j=1}^{n} \left(C_j \frac{d^2}{4} \right) \sqrt{2\rho_6 \Delta p} \tag{9-15}$$

(8)风机出口全压 p_{sg2}。

$$p_{sg2} = p_{e4} + p_b + \frac{1}{2\rho_2} \left(\frac{q_m}{A} \right)^2 \tag{9-16}$$

式中，p_{e4} 为测得的风机出口静压(表压)，Pa；$\rho_2 = \dfrac{p_{e4} + p_b}{R_w(t + 273.15)}$；$A$ 为测试本体风道截面面积，$0.4096\text{m}^2(0.64\text{m} \times 0.64\text{m})$。

(9)风机进口压力 p_{sg1}。

$$p_{sg1} = p_b \tag{9-17}$$

(10)风机全压 p。

风机静压：

$$p_{st} = p_2 - p_{sg1} = p_2 - p_b$$

式中，$p_2 = p_{e4} + p_b$。

风机全压：

$$p = p_{sg2} - p_{sg1} = p_{sg2} - p_b \tag{9-18}$$

(11)容积流量 q_v。

$$q_v = \frac{q_m}{\rho} \tag{9-19}$$

式中，$\rho = (\rho_a + \rho_2) / 2$。

(12)风机静空气功率 P_{USA} 和风机空气功率 P_{UA}。

$$P_{st} = q_v p_{st} \tag{9-20}$$

$$P_{USA} = q_v p_{UA} \tag{9-21}$$

(13)风机效率 η_{RSA}。

风机静效率：

$$\eta_{RSA} = \frac{P_{USA}}{P_\tau} \tag{9-22}$$

风机效率：

$$\eta_{RA} = \frac{P_{UA}}{P_\tau} \tag{9-23}$$

式中，P_τ 为叶轮功率，用通过电量仪测出消耗的电功率代替。

9.2.3　实验装置及仪器

本实验系统为风机性能测定实验装置，由风室、风机、变频器、功率变送器等设备组成，如图 9-2 所示。系统采用出口侧实验风室测试方法。通过测量风机功率、风室内喷嘴前/后压差、风机出口处压力、上游段压力 p_{e6}、风室压力 p_{e4}、风室温度 T、实验空间空气干球温度 T_d、实验空间空气湿球温度 T_w、风机进口处空气温度 T_a，通过变频器控制装置末端的引风机作为可变排气系统，可以得到风机在不同压头下的容积流量、风机静空气功率、风机空气功率、风机静效率、风机效率等反映风机性能的各个参数曲线。

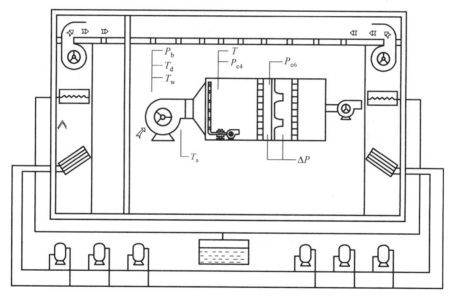

图 9-2　风机性能实验台

9.2.4　实验方法与步骤

为了确保实验系统运行在一个特定的工况下，实验时可以控制环境空气的干球温度和湿球温度在设定值附近，这两个参数允许的偏差如表 9-3 所示。

表 9-3　风机性能实验名义工况参数的读数允差　　　　　　　（单位：℃）

项目	入口空气状态	
	干球温度	湿球温度
最大变动范围	±1.0	±0.5

在实验开始前应当设定好实验工况，然后观察工况过程线，待系统稳定运行在设定的标准工况下时，实验正式开始。每组实验共分为 7 个时间段进行，对每个时间段内的数据分别进行处理，得到一组风机的性能参数，最后对 7 组参数取平均即可得到风机在该工况下的最终性能参数。

1. 实验前的准备

(1)依次开启冷却塔水泵、冷却塔风机、室内侧风机、室内侧电加热器、室内侧电加湿器。

(2)开启室内侧工况机组、采样风机。

(3)测量风机的进/出口面积，记录风机铭牌参数备用。

2. 开始实验

(1)运行焓差法多功能实验系统软件，进入风机性能测定实验系统子系统。单击软件界面上的"设定"按钮，进行工况设定及参数定义。注意：一定要正确选择喷嘴，正确输入风机进/出口面积。

(2)在控制台上通过改变变频器频率，对风机出口静压进行设置，设定为某一需要的数值。

(3)根据需要，在控制台上打开或关闭室内工况机组以及加湿装置，必要时，手动调节各控制仪表的控制输出参数。注意：不可改变控制仪表的当前设定值。

(4)观察风机性能测定实验系统软件过程线趋向和模拟图中实时显示的数据，同时观察控制台上相应各个仪表，判断实验数据及实验环境是否稳定。

(5)待实验数据及实验环境稳定一定时间后，单击风机性能测定实验系统软件界面上"记录"按钮，记录一组数据。

(6)一组数据记录完毕后，软件会弹出对话窗口，询问是否打印过程线及提示保存数据，请按照提示单击"保存"按钮进行数据保存，也可即时打印出该实验时段内实验数据。

(7)重复步骤(2)～(5)，记录多组数据。

3. 实验结束

(1)退出风机性能测定实验系统软件。

(2)关闭室内侧电加热器、电加湿器、工况机组、被测风机电源。

(3)3min 后关闭冷却塔风机、水泵。

(4)断开焓差法实验室电源。

9.2.5 实验数据处理

根据实验记录的原始实验数据(表 9-4)，分析实验数据(表 9-5)，撰写实验报告，绘制风机性能曲线。

表 9-4　实验数据记录

	项目	1	3	4	5	6	7	8	9
实验环境	平均高度大气压/Pa								
	环境干球温度/℃								
	环境湿球温度/℃								
喷嘴前、后压差/Pa									
上游段压力/Pa									
风室压力/Pa									
风室温度/℃									
电机输入功率/W									

表 9-5　实验数据处理结果

项目	1	2	3	4	5	6	7	8	9
风机质量流量/(kg/s)									
风机容积流量/(m³/s)									
风机出口压力/Pa									
风机进口压力/Pa									
风机静压/Pa									
风机压力/Pa									
风机静空气功率/W									
风机空气功率/W									
风机静效率									
风机效率									

9.2.6　问题讨论

(1) 风机全压曲线与静压曲线有何差异?

(2) 如何调节和控制风机流量?

(3) 绘制性能曲线应注意哪些问题?

第 10 章　热质交换原理实验

10.1　散热器性能测定实验

散热器是供暖系统的主要组成部分，它向房间散热以补充房间的热损失，保持室内要求的温度。散热器的传热系数 K 值越高，说明其散热性能越好，这是选择散热器的首要指标。散热器与环境温度差越大，其散热量越大，为了界定散热器散热量的比较标准，我国散热器的散热量测试标准中规定了测定散热量的标准工况，即供水温度 95℃、回水温度 70℃，室温 18℃，这时的传热温差 Δt 为 (95+70)/2–18=64.5（℃）。其中供水温度与回水温度的和除以 2 即散热器的平均温度。散热器的标准散热量是指由标准实验台提供的当散热器内外传热温差为 64.5℃时的散热量。工程选用时的散热量是按工程提供的热媒条件求出本工程的传热温差，再按该散热器的散热量计算公式求出的散热量。实际工程运行时，水温还能与设计条件不同，这时的真实散热量还要变化。

10.1.1　实验目的

(1) 了解散热器热工性能测定方法及低温水散热器热工实验装置的结构。
(2) 测定散热器的散热量 Q，计算分析散热器的散热量与热媒流量 G 和温差 Δt 的关系。
(3) 掌握散热器压力损失与散热器流量的关系。

10.1.2　实验原理

1. 散热器的散热量测试

本实验的实验原理是在稳定条件下测出散热器的散热量 Q：

$$Q = GC_p(t_g - t_h) \tag{10-1}$$

式中，G 为热媒流量，kg/h；C_p 为水的比定压热容，kJ/(kg·℃)；t_g、t_h 为供、回水温度，℃。

式(10-1)计算所得热量除以 3.6 即可换算成瓦(W)，进而可以求得散热器的传热系数。由于实验条件所限，在实验中应尽量减少室内温度波动。

水箱内的电加热器把水箱中水加热，经循环水泵打入两组散热器，水量由浮子流量计读出，供给水箱内的水由温控器控制，其温度可以固定在某一温度点上。热水经散热器将一部分热量散入房间，降低温度后的回水流入低位水箱。流量计计量出流经每个散热器在温度为 t_g 时的体积流量。

国际标准化组织(International Organization for Standardization, ISO)标准要求，热媒为低温热水时，至少要进行三个工况的测试，散热器供、回水热水平均温度取 80℃±3℃、65℃±5℃、

50℃±5℃。每次测试在相同流量下进行，每一工况下测试时间不短于 1h，每次测试间隔时间不长于 10min。

2. 散热器热工性能评定指标

在规定条件下，测得散热器的散热量后，必须将结果整理成式(10-2)的形式，即

$$Q = A\Delta t^B = A(t_{pj} - t_n)^B \tag{10-2}$$

式中，Q 为散热器的散热量，W；t_{pj} 为散热器的供、回水热水平均温度，℃，t_{pj} 取算术平均值，$t_{pj} = \dfrac{t_g + t_h}{2}$；$t_n$ 为测试室基准点空气温度，℃；A、B 为实验测得的系数。

当散热器供、回水热水平均温度与基准点空气温度之差 $\Delta t = 64.5$℃（即标准工况，对应供水温度 95℃、回水温度 70℃、室温 18℃），由式(10-2)计算得出的散热量即标准散热量，用该标准散热量作为散热器的热工性能指标，来评价、对比散热器热工性能。

10.1.3 实验装置及仪器

散热器性能测定实验台如图 10-1 所示。

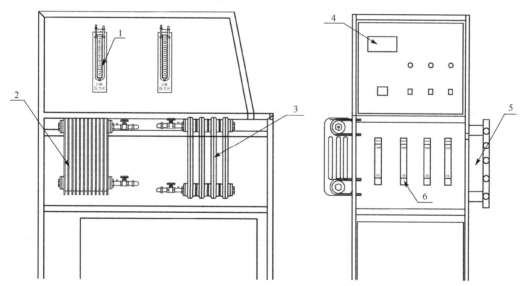

图 10-1 散热器性能测试实验台

1-±1000U 型压力计；2-400 暖气片；3-450 暖气片；4-巡检仪；5-地热式暖气、排管式暖气；6-流量计

10.1.4 实验方法与步骤

(1) 系统供水，注意供水的同时要排除系统内的空气。

(2) 打开泵开关，启动循环水泵，使水在系统中正常循环。

(3) 将温控器调到所需温度(热媒温度)。打开电加热器开关，加热系统循环水。

(4) 根据散热量调节每个流量计入口处的阀门，使流量达到一个相对稳定的值，若不稳定则需要找出原因。系统内有气应及时排出，否则实验结果不准确。

(5) 系统稳定后方可进行记录并开始测定。

当确认散热器供、回水温度和流量基本稳定后，即可进行测定。散热器供水温度 t_g 与回水温度 t_h 及室内温度 t 均用数显仪直接测量，流量用浮子流量计测量。温度和流量均每 10min 测读一次。

$$G_t = \frac{L}{1000} \tag{10-3}$$

式中，L 为浮子流量计读值，L/h；G_t 为温度为 t_h 时水的体积流量，m³/h。

$$G = G_t \cdot \rho_t \tag{10-4}$$

式中，G 为热媒流量，kg/h；ρ_t 为温度为 t_h 时水的密度，kg/m³。

(6)改变工况进行实验。

① 改变供、回水温度，保持水流量不变。

② 改变流量，保持散热器平均温度不变，即保持 $t_{pj} = \dfrac{t_g + t_h}{2}$ 恒定。

(7)测定散热器的水头损失。

通过 U 形管压力计或压差传感器结合数据采集设备可读出散热器内水头损失，并确定不同种类散热器阻力性能。

(8)实验测定完毕。

实验测试完毕后，先关闭加热器，后关闭水泵及电源总开关。

10.1.5　实验数据处理

对不同种类的散热器进行测定并把数据填入表 10-1 中。

表 10-1　实验数据表

编号	供水温度 t_g/℃	回水温度 t_h/℃	室温 t/℃	热媒流量 G/(kg/h)	散热量 Q		压差 /Pa
					/(kJ/h)	/W	
1							
2							
3							
4							
5							

10.1.6　注意事项

(1)测温点应加入少量机油。

(2)水箱内的电加热管淹没在水面下时才能打开，本实验台有自控装置，但也应经常检查。

(3)实验台应接地。

10.1.7　问题讨论

(1)实验中是应用什么原理对温度进行测试的？还有没有其他测试温度的方法？请列举。

(2)温度测试中，在测点位置加入少量机油的作用是什么？

(3)实际散热器的流量与其散热量有无必然联系？请分析。

(4)散热器压力损失是由什么引起的？

(5)通过实验分析，你认为哪种散热器的散热效果更好？为什么？

(6)与其他流量计相比，浮子流量计在实际测试中有何优缺点？

(7)利用测试得到的散热器压力损失，你认为还能计算得出其他什么参数？（如果缺少条件，可以自己假定。）

10.2　表冷器性能测定实验

空气调节模拟实验台可以模拟空调系统的操作情况，可实现对空气进行加热、加湿、冷却和除湿的处理过程，并能对空气温度、湿度进行测量显示及控制调节，为建环专业学生提供直观的教学条件，学生可针对其空气调节方面所遇到的各种热湿效应，模拟空调系统进行观测与研究。

表冷器是一种换热设备，可以完成对空气加热、冷却、减湿、加湿等各种处理过程，广泛用于空调工程中。表冷器的性能决定了空调系统输送冷、热量的能力。空调系统中的表冷器，通过里面流动的空调冷冻水，把流经管外的空气冷却，风机将降温后的冷空气送到使用场所供冷，冷媒水从表冷器的回水管道将所吸收的热量带回制冷机组，放出热量、降温后再被送回表冷器吸热、冷却流经的空气，不断循环。

10.2.1　实验目的

(1)掌握相关仪器的测量及使用方法。

(2)了解和掌握制冷空调系统的基本构造，加深对制冷空调系统原理的理解，正确分析制冷量的影响因素；加深了解和巩固已学的理论知识与专业技术。

(3)加深对空气和表冷器直接接触时热湿交换过程的理解。

10.2.2　实验原理

1. 空气流量(孔板)计算

进风量：

$$G_A = 0.014\sqrt{\Delta l \rho} \tag{10-5}$$

排风量：

$$G_E = 0.012\sqrt{\Delta l \rho} \tag{10-6}$$

式中，Δl 为微压计读数变化值，mm；ρ 为空气密度，kg/m^3。

2. 风道散热量计算

$$Q = 8.5L\Delta t \tag{10-7}$$

式中，L 为风道内两测点之间的中心长度，m；Δt 为风道内外的空气温差，℃。

3. 空气湿球温度修正

在对空气湿球温度测定时，需满足风速 $v \geqslant 2.5m/s$，否则应按图 10-2 进行修正。t_s 为测得湿球温度，℃；Δt_s 为湿球温度修正值，℃。

实际湿球温度为 $t'_s = t_s - \Delta t_s$，℃。

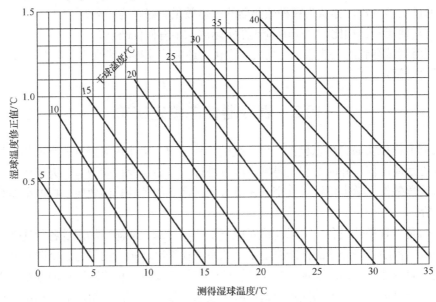

图 10-2　湿球温度修正图（v=1.0～2.0m/s）

10.2.3　实验装置

实验装置如图 10-3 所示。

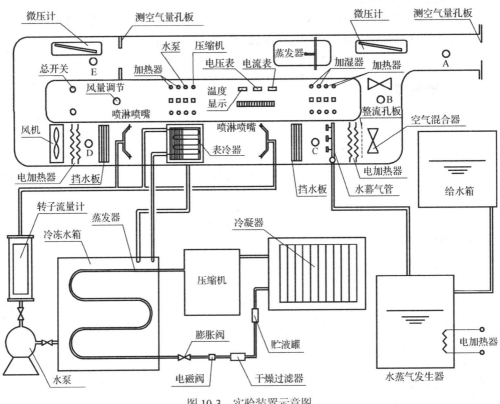

图 10-3　实验装置示意图

1. 主要性能参数

在测温热电阻中，$t_1 \sim t_{10}$ 为空气干、湿球温度；t_{11} 为喷水室或表冷器进水口水温；t_{12}、t_{13} 为喷水室、表冷器回水口水温；t_c、t_e、t_x 为制冷剂冷凝温度、蒸发温度和吸气温度。

2. 主要性能

(1) 设置有风量调节阀控制风量。

(2) 设置有空气预热器、再热器(在图中均为电加热)，可对空气进行加热升温；设置有喷水室，可对空气进行降温、加热及除湿。冷冻水由制冷系统制得。

(3) 可示范两种气流的混合状态。

(4) 所有测温装置都用电子式温度数字仪显示。

(5) 电加热器的电输入值都可分别直接测量，各数值可以和经过处理的空气热焓变化进行比较。

(6) 设置有综合性的各种仪表及控制装置。

3. 实验装置性能参数、使用操作及计算说明

(1) 空气流量：$L_{max} =$ 　　　　　(m^3/h)。

(2) 预热器(电加热器)：500W 一组，1000W 一组。

(3) 再热器(电加热器)：500W 一组，1000W 一组。

(4) 喷水室最大喷水量：$G_{max} =$ 　　　　　(kg/h)。

(5) 冷却(冷冻水)系统：冷冻水温可由制冷系统及仪表控制在 5℃ 左右，冷冻水量可调节。制冷系统制冷量 Q_{max} 为 1.7kW 左右。

(6) 使用电源：工作电压为 380V。

10.2.4　实验步骤及要求

1. 实验步骤

(1) 实验操作之前，调整微压计为水平状态。将蒸馏水加入湿球温度计下的水杯内，蒸发器水箱加水至满。

(2) 合上电气总开关，接通电源，此时风机运转，调节风机风量调节阀控制所需风量。

(3) 启动电加热器、制冷压缩机及水泵，待系统稳定后进行实验测定。对空气进行绝热加湿冷却处理时，只须启动水泵。若对空气冷却除湿处理，则应先启动制冷压缩机，待冷冻水降至所需温度后，再启动水泵。

(4) 测定结束后，先关闭制冷压缩机及水泵，调节风量调节阀为最大排风量。运行 5min 左右再关闭电气总开关，切断电源。

2. 实验要求

(1) 每组实验人数 10～12 人，在教师指导下分工。

(2)对空调、制冷设备的机组和电源部分进行检查。

(3)对测试仪表进行检查和记录,如温度计的精度是否满足要求,湿球温度计的纱布浸水情况和安装状况是否正常,风量与水量测试设备及仪表配置是否完整和可靠。

(4)按照分工,对整个系统运行后的各测点进行观测,观察整个系统的运行是否稳定。一般情况下,空气的干球温度 t_g 波动值小于 ±1℃,进风湿球温度 t_s 的波动值小于 ±0.5℃,进、回水温度波动小于 ±0.5℃,可认为处于稳定工况。此时,将各测点的数据每 5min 读一次,连续做 4 次,并将数据详细记录在表 10-2 中。

(5)测试完毕后,指导教师对数据设备进行全面检查,然后使系统停止运行。

10.2.5　实验数据处理

(1)画出表冷器测试系统示意图,标出各测点的位置,并注明各测点所用仪器的名称。

(2)根据记录数据在焓湿图上标出新风、表冷器前后的空气状态点,并作出过程线。

(3)测得实验过程中的新风及总风量,计算出每千克干空气在经过表冷器后的热湿变化,进而求出变化的热湿比线(角系数 ε),判断空气处理过程。

(4)将记录表整理好附于实验报告之后。

表 10-2　表冷器测试实验记录表

记录	风路系统测试						水路系统测试		
	表冷器前		表冷器后		排风量 /(m³/s)	新风量 /(m³/s)	供水温度 t_{11}/℃	表冷器回水温度 t_{12}/℃	水流量 /(kg/h)
	t_5/℃	t_6/℃	t_7/℃	t_8/℃					
1									
2									
3									
4									
平均值									

10.2.6　问题讨论

(1)用表冷器处理空气时,可实现哪些过程?其条件是什么?

(2)影响表冷器物质交换效果的因素有哪些?

10.3　喷水室性能测定实验

空气调节模拟实验台可以模拟空调系统的操作情况,可实现对空气进行加热、加湿、冷却和除湿的处理过程,并能对空气温度、湿度进行测量显示及控制调节,为暖通空调专业学生提供直观的教学条件,使学生可针对其空气调节方面所遇到的各种热湿效应,模拟空调系统进行观测与研究。

喷水室可以完成对空气加热、冷却、减湿、加湿等各种处理过程,广泛用于空调工程中。在喷水室内,具有一定温度、压力的水与空气充分接触后,相互之间发生热质交换。

10.3.1　实验目的

(1)对喷水室中空气和水的热湿交换过程进行测试，熟悉并掌握有关测试仪器的安装及使用方法。

(2)加深对空气和水直接接触时热湿交换过程的理解。

(3)掌握影响热质交换设备性能的因素。

10.3.2　实验原理

如图 10-3 所示，由回风 E 和 A 点空气混合达到 B 状态点，经过预加热装置或加湿器达到 C 状态点，进入喷水室进行热质交换，经过热湿处理达到 D 状态点，根据需要经过再热处理到 E 状态点送出。

空气在喷水室进行热质处理，热质处理过程随着喷水温度不同而不同。本实验是通过喷水温度改变来实现的。

1. 空气流量(孔板)计算

孔板进风量的计算公式如式(10-5)所示，排风量的计算公式如式(10-6)所示。

2. 风道散热量计算

风道散热量的计算公式如式(10-7)所示。

3. 空气湿球温度修正

在对空气湿球温度测定时，需满足风速 $v \geqslant 2.5\text{m/s}$，否则应按图 10-2 进行修正。$t_s$ 为测得湿球温度，℃；Δt_s 为湿球温度修正值，℃。实际湿球温度为 $t_s' = t_s - \Delta t_s$，℃。

10.3.3　实验装置

1. 实验台简介

实验装置如图 10-3 所示。该实验台包括以下部分。

(1)设置有风量调节阀控制风量。

(2)设置有电加热器，可对空气预热、再热；设置有喷水室，可对空气进行降温、加热及除湿。冷冻水由制冷系统制得。

(3)可示范两种气流的混合状态。

(4)所有测温装置都用电子式温度数字仪显示。

(5)电加热器的电输入值都可分别直接测量。

(6)设置有综合性的各种仪表及控制装置。

该实验台可大体上可分为四部分，分别为制冷系统、加热系统、风系统及电路装置测试系统。

1)制冷系统

制冷系统工作原理是使制冷剂在制冷压缩机、冷凝器、膨胀阀和蒸发器等热力设备中进行压缩、放热、节流和吸热四个主要热力过程，以完成制冷循环。

当制冷压缩机通电启动后，制冷剂蒸汽在制冷压缩机中被压缩成为高温高压的过热蒸汽，经排气管进入冷凝器，由于放热产生相变，冷凝成为高压液体，其放出的热量被空气吸收。制冷剂液体经干燥过滤器脱水并滤去杂质，再经膨胀阀节流降压，变成低温低压的气液混合物进入蒸发器。制冷剂从流经制冷剂管外的空气中吸热而膨胀蒸发变成低温低压的蒸汽，经吸气管回到制冷压缩机，如此反复，即实现制冷循环。冷冻水系统中，冷冻水温可由制冷系统及仪表控制在5℃左右，冷冻水量可调节。制冷系统制冷量 Q_{max} 为1.7kW左右。

2) 加热系统

在水箱内设置加热管，可以对水进行加热，并连接有温控装置，可设置水箱内的水保持在一个温度值。加热温度最高限制在50℃。

3) 风系统

开启实验装置后，新风从 A 点处进入，经过空气混合器，到达 B 点处，然后通过再混合、整流、加热、加湿、降温、除湿(表冷器、喷水室)等处理，经风机将空气送到装置上部风道，到达活动风门。当风门完全关闭时，系统为全封闭循环，无新风系统；当风门完全打开时，回风全部排出，形成全新风系统；当风门部分关闭时，系统为一次回风循环，新风的比例由风门的开度调节。空气处理系统中包括预热器(500W 和 1000W 电加热器)各一组和再热器(500W 和 1000W 电加热器)各一组。

4) 电路装置测试系统

电源开启后，向制冷压缩机、水泵、加湿器、电加热器、风机等供电，各个测点的干、湿球温度由铂电阻测量，再由仪表显示出具体数值。

2. 主要性能参数

在测温热电阻中，$t_1 \sim t_{10}$ 为空气干、湿球温度；t_{11} 为喷水室或表冷器进水口水温；t_{12}、t_{13} 为喷水室、表冷器回水口水温；t_c、t_e、t_x 为制冷剂冷凝温度、蒸发温度和吸气温度。

3. 实验装置性能参数、使用操作及计算说明

(1)空气流量：$L_{max}=$ 　　　　(m³/h)。

(2)预热器(电加热器)：500W 一组，1000W 一组。

(3)再热器(电加热器)：500W 一组，1000W 一组。

(4)喷水室最大喷水量：$G_{max}=$ 　　　　(kg/h)。

(5)冷却(冷冻水)系统：冷冻水温可由制冷系统及仪表控制在5℃左右，冷冻水量可调节。制冷系统制冷量 Q_{max} 为1.7kW左右。

(6)使用电源：工作电压为380V。

10.3.4　实验步骤及要求

1. 实验步骤

(1)实验操作之前，调整微压计为水平状态。将蒸馏水加入湿球温度计下的水杯内，蒸发器水箱加水至满。

(2)合上电气总开关，接通电源，此时风机运转，调节风机风量调节阀控制所需风量。实验台上 C 点为空气处理之前状态点，测量 C 点的干球温度和湿球温度，根据焓湿图查出空气露点温度。本实验装置可以提供 5~50℃的水温，根据水温的变化，空气的热湿处理过程有 7 种变化状态。

(3)启动水泵、制冷压缩机及电加热器，待系统稳定后进行实验测定。

在使用喷水室的实验台上，学生根据空气露点温度和干、湿球温度，自行设计两种工况，通过开启制冷压缩机、水箱内电加热器使水温达到工况所要求的范围。利用在喷水室冷水管道上已装好的流量计测得喷水室的喷水量，并从供、回水管道上所装的温度计读出供、回水温度。记录 C、D 两点的测试数据。

对空气进行绝热加湿冷却处理时，只须启动水泵。若对空气冷却除湿处理，则应先启动制冷压缩机，待冷冻水降至所需温度后，再启动水泵。

(4)测定结束后，先关闭电加热器或制冷压缩机及水泵，调节风量调节阀为最大排风量。运行 5min 左右再关闭电气总开关，切断电源。

2. 实验要求

(1)每组实验人数 4~5 人，在教师指导下分工。

(2)对空调、制冷设备的机组和电源部分进行检查。

(3)对测试仪表进行检查和记录，如温度计的精度是否满足要求，湿球温度计的纱布浸水情况和安装状况是否正常，风量与水量测试设备及仪表配置是否完整和可靠。

(4)按照分工，对整个系统运行后的各测点进行观测，观察整个系统的运行是否稳定。

(5)测试完毕后，一定要经指导教师对数据设备进行全面检查，然后使系统停止运行。

10.3.5　实验数据处理

(1)根据所测的室内空气干、湿球温度，在焓湿图上画出空气状态点，并查出该点的露点温度值，根据数据确定出所做实验工况，并计算出各工况所需水的要求温度范围值，指出使用装置名称——制冷压缩机或水箱内电加热器。

(2)画出喷水室测试系统示意图，标出各测点的位置，并注明各测点所用仪器的名称。

(3)在各个工况下记录测点的干、湿温度，完成实验记录表，如表 10-3 所示。

表 10-3　喷水室性能测定实验记录表

风路系统测试						水路系统测试		
喷水室前		喷水室后		排风量 /(m³/s)	新风量 /(m³/s)	供水温度 t_{11}/℃	喷水室 回水温度 t_{12}/℃	水流量 /(kg/h)
t_5/℃	t_6/℃	t_7/℃	t_8/℃					

(4)根据每个工况下记录的数据，在焓湿图上标出喷水室前后的空气状态点，并作出过程线。

(5)根据测得的喷水量和空气量，求出喷水室的喷水系数 μ。计算出每千克干空气在经过喷水室后的热湿变化，进而求出变化的热湿比线(角系数 ε)，判断空气处理过程。

10.3.6 问题讨论

(1)用喷水室处理空气时，可实现哪些过程？其条件是什么？

(2)影响喷水室热湿交换效果的因素有哪些？

(3)喷水量的增加对热湿处理过程有何影响？

第 11 章　暖通空调实验

11.1　空调系统综合实验

空调系统主要由空气处理设备、热源和冷源、空调风系统、空调水系统等组成，可以为室内提供良好、舒适的空气环境。

11.1.1　实验目的

(1) 掌握暖通空调的基本理论知识。
(2) 观察空气调节方面所遇到的各种热湿效应。
(3) 模拟各种形式的空调系统进行观测和研究。

11.1.2　实验原理

在实验装置上，仪表盘可以显示各点干、湿球温度，制冷系统的制冷量，表冷器的冷水量，水温加热的功率，加湿量等，通过调节各点温、湿度值，可以模拟冬季、夏季的室外、室内环境，再结合表冷器及电加热器来模拟冬季、夏季的空气处理过程。

此外，还可以通过测试各点的干、湿球温度，测试流量计的压差，利用焓湿图进行热工计算，评价表冷器、电加热器及加湿器的性能。

11.1.3　实验装置及仪器

空气调节模拟实验台为暖通空调课程的教学实验装置。该实验台可对空气加热、加湿、冷却和除湿，并能对空气温度、湿度进行测量显示及控制调节。

本实验台可模拟大部分工况下空调系统的变化过程，根据不同的参数人为地组合、调节实验者最终期望达到的理想工况。

空气调节模拟实验台分为三种形式。

A 型：设置表冷器对空气进行降温除湿。

B 型：设置喷水室对空气进行加湿处理。

C 型：设置表冷器及喷水室，可互换使用。

空调系统实验装置如图 11-1 所示，全系统设计 16 个温度测点，用铂电阻测量其温度值。风道中设 A、B、C、D、E 5 个测温点，分别量测其干、湿球温度。其余 6 个测温点分别为制冷压缩机冷凝、蒸发、吸气温度，表冷器及喷淋进水温度(和一个测点相同)及喷淋回水温度，表冷器回水温度。

主要性能如下。

(1) 设置有风量调节阀控制风量。

(2) 设置空气预热器、再热器(均为电加热)，可对空气进行加热升温；设置有喷水室，可对空气进行降温、加湿及除湿。冷水由制冷系统制得。

(3) 可示范两种气流的混合状态。

(4) 所有测温装置都用电子式温度数字仪显示。

(5) 电加热器的电输入值都可分别直接测量，各数值可以和经过处理的空气热焓变化进行比较。

(6) 设置有综合性的各种仪表及控制装置。

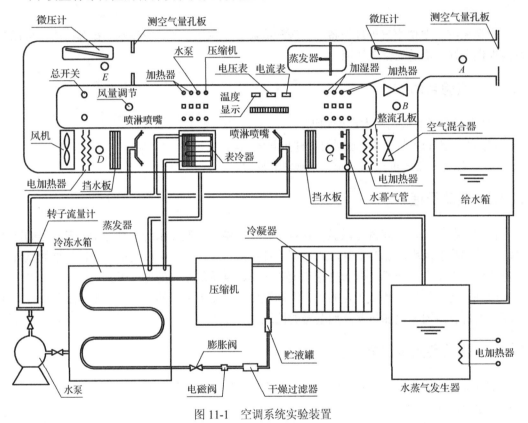

图 11-1　空调系统实验装置

11.1.4　实验内容

1. 直流式空调

图 11-2 为直流式空调示意图。

(1) 利用实验装置模拟室外环境，如图 11-2(b)虚线框所示，可模拟夏季室外环境。

(2) 各选择一个夏季、冬季空气处理方案，把室外空气处理到某送风状态，调节一定风量进行运行测定。

(3) 计算空气在空调系统中的热量、湿量得失。测定并计算各处理设备的能耗。

(4) 将夏季、冬季空气处理过程分别在焓湿图上表示，并加以说明。

(5) 指出直流式空调系统的优缺点。

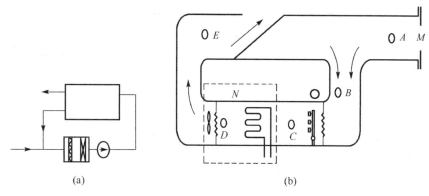

图 11-2　直流式空调示意图

2. 回风式空调

图 11-3 为回风式空调示意图。

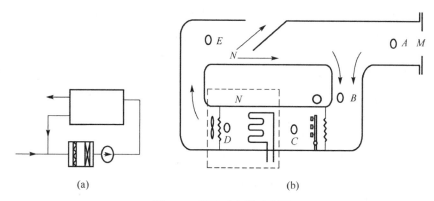

图 11-3　回风式空调示意图

(1)模拟冬季室内环境,选择空气处理方案,拟定室内空气状态参数。调节系统风量及新风百分比进行运行测定。

(2)计算室内余热、余湿及热湿比。

(3)计算空气在空调系统中的热量、湿量得失。测定并计算各处理设备的能耗。将处理过程在焓湿图上表示并说明。

(4)据实验装置提出冬季空气处理方案,用草图及在焓湿图上表示并加以说明。

3. 再循环式空调

图 11-4 为再循环式空调示意图。

(1)模拟夏季室内环境,见图 11-4(b)虚线框。选择空气处理方案,拟定室内空气状态参数,调节一定风量进行运行测定。

(2)计算室内余热、余湿及热湿比。

(3)计算空气在处理系统中的热量、湿量得失,计算各处理设备的能耗。将处理过程在焓湿图上表示并说明。

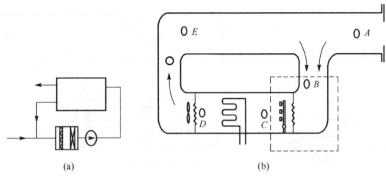

图 11-4　再循环式空调示意图

(4) 据实验装置提出冬季空气处理方案，用草图及在焓湿图上表示并加以说明。

(5) 指出再循环式空调系统的优缺点。

11.1.5　实验方法与步骤

(1) 启动电源。实验操作之前，调整微压计为水平状态。将蒸馏水加入湿球温度计下的水杯内。蒸发器水箱、水蒸气发生器及给水箱加水至满。

(2) 合上电气总开关，接通电源，此时风机运转，调节风量调节阀控制所需风量。

(3) 启动电加热器、制冷压缩机及水泵，待系统稳定后进行实验测定。对空气进行绝热加湿冷却处理时，只需启动水泵。若对空气进行冷却除湿处理，则应先启动制冷压缩机，待冷却水降到所需温度后，再启动水泵。

(4) 设计几种工况进行一一测试。

(5) 测定结束后，先关闭电加热器、制冷压缩机及水泵，调节风量调节阀至最大排风量。运行 5min 左右再关闭电气总开关，切断电源。

11.1.6　实验装置参数设置及操作说明

1. 主要性能参数

(1) 空气流量：L_{max}=　　　　　(m³/h)。

(2) 预热器(电加热器)。

(3) 再热器(电加热器)。

(4) 喷水室最大喷水量：G_{max}=　　　　　(kg/h)。

(5) 冷冻(冷却)水系统。

冷冻水温可由制冷系统及仪表控制在 5℃左右。

冷冻水量可由水泵调节。制冷系统制冷量 Q_{max} 为 1.7kW 左右。

(6) 使用电源：工作电压为 380V。

2. 有关计算说明

1) 空气流量计算

送风量：

$$G_A = \sqrt{\Delta l \rho} \qquad\qquad (11-1)$$

总送风量：

$$G_E = \sqrt{\Delta l \rho} \tag{11-2}$$

式中，Δl 为微压计读数变化值，mm；ρ 为空气密度，kg/m³。

2) 风道散热量计算

$$Q = 8.5 L \Delta t \tag{11-3}$$

式中，L 为风道内两测点之间的中心长度，m；Δt 为风道内外的空气温差，℃。

3) 空气湿球温度修正

在测定空气湿球温度时，需满足风速 $v \geqslant 3.5\text{m/s}$，否则应进行修正。

实际湿球温度为

$$t_s = t_s' - \Delta t_s \tag{11-4}$$

式中，t_s 为测得湿球温度，℃；Δt_s 为湿球温度修正值，℃。

11.1.7　实验数据处理

把测定得到的各种数据整理后将夏季、冬季空气处理过程分别在焓湿图上表示。

11.1.8　问题讨论

(1) 指出三种空调系统的优缺点。

(2) 哪种空调方式提高室内空气品质？

11.2　除尘器性能测定实验

除尘器性能测定实验为综合性实验，它包含五门课程的知识：暖通空调、锅炉与锅炉房设计、流体力学、建筑环境测试技术以及空气洁净技术。涵盖的知识点有除尘器除尘原理、除尘器的性能、气流的压力测量、沿程阻力和局部阻力。

11.2.1　实验目的

(1) 观察旋风除尘器含尘气流运动情况，掌握旋风除尘原理。

(2) 掌握除尘器性能测定的基本方法。

(3) 了解除尘器运行工况对其效率和阻力的影响。

(4) 掌握利用总压管、静压孔、皮托管测量气流总压、静压、动压的方法。

11.2.2　实验原理

1. 流量测量方法

流量用孔板测定，在除尘器及管路密封良好的情况下，也可以在出口管道用皮托管测定。

$$Q = \alpha \varepsilon F_0 \sqrt{\frac{2\Delta P}{\rho}} \tag{11-5}$$

$$Q = F \sqrt{\frac{2 P_d}{\rho}} \tag{11-6}$$

式中，α 为流量系数，m^3/s；ε 为被测介质的可膨胀性系数，$\varepsilon=0.95$；F_0 为孔板喉部断面面积，m^2；F 为皮托管测量断面的面积，m^2；ΔP 为孔板前、后取压断面的静压差，Pa；P_d 为皮托管测量的动压，Pa；ρ 为气体密度，kg/m^3。

流量系数的求法：

$$\alpha = \frac{C}{\sqrt{1-\beta^4}} \tag{11-7}$$

式中，β 为孔板的孔径比，$\beta = \dfrac{d}{D}$，d 为孔板小径，mm，D 为孔板大径，mm；C 为流出系数：

$$C = 0.5959 + 0.0312\beta^{21} - 0.184\beta^8 + 0.0029\beta^{25}\left(\frac{10^6}{Re_D}\right) \tag{11-8}$$

式中，Re_D 为雷诺数，按孔板大径计算，$Re_D = \dfrac{vD}{\nu}$，其中 D 为孔板大径，mm；ν 为运动黏度，m^2/s；v 为流体速度，m/s。

注意：在做实验时，可以根据上述算法估算一个 α 值，不用太精确。

2. 除尘器阻力测定方法

为保证除尘器前、后两测压断面取压的准确性，除尘器前、后测点与除尘器进、出口之间均分别有一定长度的直管段。前测点距除尘器的进口不少于管径的 6 倍，后测点距除尘器的出口不少于管径的 10 倍。

除尘器前、后两测压断面的全压差 $\Delta P_q'$ 减去除尘器前、后管路的附加阻力 $\Sigma\Delta P_f$ 即除尘器的阻力 ΔP_q，即

$$\Delta P_q = \Delta P_q' - \Sigma\Delta P_f \tag{11-9}$$

或

$$\Delta P_q = \Delta P_j' + \Delta P_d - \Sigma\Delta P_f \tag{11-10}$$

式中，$\Delta P_j'$ 为由静压孔前、后测得的静压差，Pa；ΔP_d 为除尘器前、后测压断面动压差，由于除尘器前、后测压断面相等，$\Delta P_d=0$，所以

$$\Delta P_q' = \Delta P_j' \tag{11-11}$$

$\Sigma\Delta P_f$ 包括沿程阻力和局部阻力，沿程阻力由同一管段上的静压测得(具体算法见实验台上说明)；再根据测得的流量计算出风速，进而求得 $\Sigma\Delta P_f$ 中的局部阻力，由式(11-12)和式(11-13)计算：

$$v = \frac{Q}{F} \tag{11-12}$$

$$\Sigma\Delta P_j = \xi\frac{\rho v^2}{2} \tag{11-13}$$

式中，F 为管道的截面积，m^2；Q 为除尘器的体积流量，m^3/s；ξ 为管道的局部阻力系数，由生产厂家提供。

3. 除尘器效率测定方法

除尘器全效率的测定采用重量法，即按式(11-14)计算：

$$\eta = \frac{G_2}{G_1} \qquad (11\text{-}14)$$

式中，G_1 为进入除尘器粉尘量，g；G_2 为除尘器除下的粉尘量，g。

4. 总压管不敏感偏流角测定方法

气流的总压就是气流等熵滞止后的压力。用于总压测量的测压管称为总压管。测量时要求感受孔轴线对准来流方向，实际使用时，希望感受孔轴线相对于气流方向有一定的偏流角为 α 时，仍能正确反映气流的总压。习惯上取使测量误差达速度头的 1%时的偏流角 α 作为总压管的不敏感偏流角 α_{p}：

$$\alpha_{\mathrm{p}} = \frac{P_{\mathrm{a}}^{*} - P^{*}}{\frac{1}{2}\rho v^{2}} \leqslant 1\% \qquad (11\text{-}15)$$

11.2.3 实验装置

实验装置主要由测试系统、实验除尘器、发尘装置等三部分组成，如图 11-5 所示。

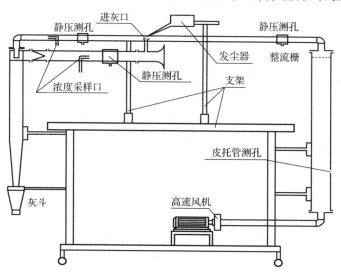

图 11-5　实验装置测试系统示意图

11.2.4 实验方法与步骤

1. 测定风量

测定除尘器的处理风量时，有两种方法，一种是用微压计测定孔板流量计处的压差值，然后利用式(11-5)即可求得；一种是利用皮托管测动压，然后利用式(11-6)求得。

本实验在测定除尘器的阻力、除尘效率与负荷的关系时，建议采用的除尘器进口风速(V_i)一般控制在 12～25m/s。根据除尘器的流量测试方法和相应尺寸，可以计算在上述进口风速下的实验风量。随后利用式(11-5)反求出相应的微压计的控制读数。调节风机入口阀门开启度，使孔板流量计处的微压计 ΔP 读数达到该控制值。此时，实验风量和进口风速即已调定为要求值。

2. 测定除尘器阻力与负荷的关系

(1)按上述方法调定除尘器某实验风量后，利用除尘器前、后静压孔测定该入口风速下除尘器的静压差 $\Delta P_j'$。

(2)计算该入口风速 V_i 下的入口动压头 $\dfrac{V_i^2 \rho}{2}$ (Pa)。

(3)计算除尘器前、后附加阻力(包括变径管、弯头)$\Sigma\Delta P_f$，阻力系数自行查表。

(4)计算 $\Sigma\Delta P_f$，进而求得除尘器的阻力。

(5)改变入口风速(或风量)，重复上述实验步骤。直至完成四种入口风速下的除尘器阻力的测定。

(6)将得到的数组(V_i, ΔP_q)或(Q, ΔP_q)描绘在以进口风速 V_i(或风量 Q)为横坐标、以阻力 ΔP_q 为纵坐标的坐标图上，平滑连接各点，得到 ΔP_q-V_i 曲线，即除尘器阻力与负荷的关系曲线。

3. 测定除尘器全效率与负荷的关系

(1)按上述方法调定某入口风速后，称取不少于1000g的实验粉尘 G_1。

(2)启动发生器的引射风机，将所称取的粉尘加入发生器灰斗中，同时启动振动电机。

(3)发尘完毕后，顺次停止振动开关，约1min后停止风机。

(4)风机停转后打开灰斗，收集灰斗中粉尘并称重，即得 G_2。

(5)根据式(11-6)计算该入口风速下的除尘器全效率。

(6)改变入口风速，重复步骤(1)～(5)，测得各种入口风速下的除尘器全效率。注意，实验 2 和 3 可结合起来进行，即每测定一次风量，先在空态情况下测量阻力，然后测定该工况下的除尘全效率。

(7)经四次测定后，画出除尘器全效率随除尘器入口风速的变化曲线(η-V_i 曲线)。

4. 确定总压管的不敏感偏流角

根据不敏感偏流角的含义，自行设计确定不敏感偏流角的实验方案和步骤。

11.2.5　实验数据处理

制定表格，记录流量变化时测试的值，计算出除尘器的阻力，画图说明除尘器负荷与阻力及效率之间的关系，并确定不敏感偏流角的值。

11.2.6　问题讨论

(1)除尘器处漏风会对效率有什么影响?

(2)分析处理风量对除尘器性能的影响。

(3)利用回归分析方法,求出效率和入口风速的关系式。

11.3　空调房间气流组织测定实验

11.3.1　实验目的

(1)通过对空调房间的温度、湿度、风速的测定,检查空气处理设备的实际工作能力及空调房间的温度场、速度场的分布情况,从而进一步理解空调房间的舒适度的概念。

(2)通过对空调房间的各项指标的测试,了解空调房间的送风口、回风口的配置。

(3)学会测量仪器工具的使用方法。

11.3.2　实验原理

1.　空气状态参数的测定

当空调系统运行基本稳定后,先在室内工作区里选定一些具有代表性的点(一般不少于5个),所选的测定点应尽可能位于气流比较稳定而且空气混合比较均匀的断面上。测定点高度应离地面 1.5~2m,离外墙不少于 0.5~1m,且须远离冷、热源表面和不受阳光直射。再选取送风口和回风口的中心作为固定测点。选定测定点后,将温度计安装在测定点位置,经 3~5min,待温度计读数稳定后才能读数记录。

测量湿度时,湿度计的安装方法和温度计相同,读数步骤也相同。

测定数据每隔0.5~1h进行一次。

2.　风量的测定

在稳定的空调房间内,可以通过对风口风速测定得到风量,进、出风口的风速可直接用风速仪测量,测量进、出口风速时,风速仪要尽可能地靠近进、出风口的中心位置,以减少误差。每隔0.5~1h测量一次。

3.　室内气流组织的测定

空气气流速度是指在工作区内的气流速度,一般要求普通空调房间工作区的气流速度不超过 0.5m/s,这项测定可以选定用于测定室内空气状态的测定点位置与其同时进行。

11.3.3　实验装置

空调房间气流实验装置由空调房间、风速传感器、温度传感器和比例-积分-微分(PID)控制器等组成,如图 11-6 所示。

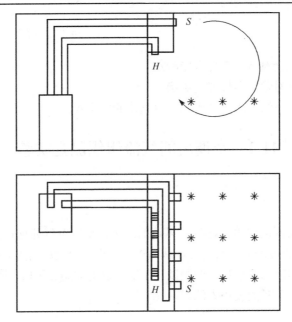

图 11-6   实验装置及布点位置

H-回风口；S-送风口；＊-测定点

11.3.4   实验方法与步骤

(1)熟悉空调系统及测试装置。

(2)按要求布置测点，在测点上装温度传感器，并连接到计算机上。

(3)开启空调系统，待系统稳定后在计算机上开启测试软件，开始测试。

(4)关闭计算机及其外置电源。

11.3.5   实验数据处理及要求

1. 实验数据处理

1)湿度

室内工作区的湿度可简化计算为各个测定点的湿度的算术平均值。

2)风速

室内工作区的风速可简化计算为各个测定点的风速的算术平均值。

3)温度

室内温度的计算：

$$t = \frac{\Sigma t_i}{n} \tag{11-16}$$

式中，t_i 为各测定点多次测定的温度的算术平均值；n 为测定点数量。

4)送风口风量

送风口风量测定的计算：

$$L = CVF \tag{11-17}$$

式中，C 为修正系数，对于送风口，C 为 0.96～1.0；V 为风口断面的平均速度；F 为风口的轮廓面积。

测试的实验数据填入表 11-1 中。

表 11-1　实验记录表

编号	测定点									送风口				回风口			
	1	2	3	4	5	6	7	8	9	1	2	3	4	1	2	3	4
温度/℃																	
平均温度/℃																	
湿度/%																	
平均湿度/%																	
风速/(m/s)																	
平均风速/(m/s)																	

2. 实验要求

(1) 计算出空调房间的温度、湿度和风速。

(2) 利用所得的数据计算空调机的总送风量。

(3) 综述空调房间的空气环境情况和气流组织分布情况。

11.3.6　问题讨论

(1) 回风口对流场影响大不大？为什么？

(2) 你认为实验中还存在什么问题？应如何改进？

(3) 为什么要将测定点选在高度为 1.5～2m 的位置？

第 12 章 供热工程实验

12.1 热网水力工况实验

在热网运行中，各种水力工作情况的变化将会引起管路各点及用户的压力发生变化，水压图就是研究这种变化的重要方法。

利用双管热网水压图实验装置进行若干种工况变化的实验，能够直观地了解水压图的变化情况，以巩固和验证课堂所学有关水压图的知识，加深课堂理论教学的效果。掌握水力工况分析方法及使用理论知识指导热网的水力工况调整。

12.1.1 实验目的

(1)理解热网水压图和水力工况情况。

(2)了解管网在水力工况变化时水压图的变化情况。

(3)掌握水力工况的分析方法，验证热网中水力失调的变化规律。

12.1.2 实验原理

本实验原理即水压图形成的原理，如图 12-1 所示。

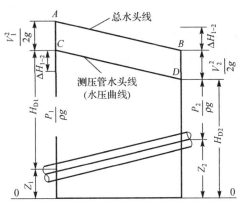

图 12-1 水压图形成原理图

热水流过某一管段，经过断面 1 和断面 2 时，可以列出这两个断面间的伯努利方程：

$$\frac{P_1}{\rho g} + Z_1 + \frac{V_1^2}{2g} = \frac{P_2}{\rho g} + Z_2 + \frac{V_2^2}{2g} + \Delta H_{1-2} \tag{12-1}$$

式中，P_1、P_2 为断面 1、2 的压力，Pa；Z_1、Z_2 为断面 1、2 的管中心线离某一基准面 0—0 的位置高度，m；V_1、V_2 为断面 1、2 的水流平均速度，m/s；ρ 为水的密度，kg/m³；g 为自由落体重力加速度，9.81m/s²；ΔH_{1-2} 为水流经管段 1-2 的压头损失。

在实验供热管路中，各处流速差别不大，因而

$$\frac{V_1^2}{2g} \approx \frac{V_2^2}{2g}, \quad \Delta H_{1\text{-}2} = \left(\frac{P_1}{\rho g}+Z_1\right)-\left(\frac{P_2}{\rho g}+Z_2\right) \tag{12-2}$$

即水流经某一管段的压头损失是该管段的测压管水头之差(包括重力势能补偿损失和阻力损失)。

压头损失原因为供暖从底层到高层用户。

由此关系，在供热管网的供、回水管道中由起点开始依次减去压力损失，求出各断面的测压管水头，将这些水头依次连成线即水压图。

12.1.3　实验装置

该实验台(图 12-2)可以模拟热网，进行各种水力工况变化实验，直观地了解热网水压图的变化情况。实验台下半部由管道、阀门、流量计、稳压罐、锅炉、水泵组成，用来模拟由 5 个用户组成的热网。上半部有高位水箱(定压水箱)和安装在一块垂直木板上的 10 根玻璃管，玻璃管的顶端与大气相通，玻璃管下端用胶管与网路分支点相连接，用来测量热网用户连接点处的供水干管和回水干管的测压管压头(水压曲线高度)。每组用户的两只玻璃管间附有标尺以便读出各点压力。

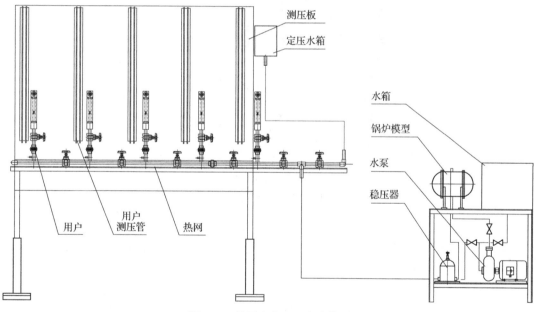

图 12-2　热网水力工况实验装置

12.1.4　实验方法与步骤

(1)熟悉管路系统，将管路系统阀门和用户按需要编号，测压管一并按序编号，如图 12-3 所示。

(2)系统充水。打开管路各阀门(泄水阀除外)，高位水箱调到所需高度，通过进水管向系统缓慢充水，排除系统中的空气，待系统充满水后，停止上水。

(3)正常水压图。启动水泵，调节流量计，使各流量计的流量尽量相等，并且调节各阀门，增加或减少管段阻力，使各节点之间有适当压差(或关小阀门12和13，用旁通管定压差)，待系统稳定后，记录各点的压力和流量，在坐标纸上绘出正常水压图，如图 12-3 虚线所示。

(4)关小供水管总阀时的水压图。把阀门关小，记录各点压力，绘制水压图，并与正常水压图进行比较，把实验数据填入表 12-1 中。

(5)关小供水管中途阀门(如阀门3，也可以关小阀门2和4)的水压图。将阀门3关小一些，这时热网中总流量将减少，水流速降低，单位长度的压力降减小。因此供水管水压线和回水管水压线都比正常情况时平坦些。在阀门3处压力突然降低，阀门3以前的用户，由于压头增加，流量都有所增加。越接近阀门3的用户增加越多。阀门3以后的各用户的流量则减少，减少的比例相同，即等比失调。记录各点压力、流量。绘制新的水压图，并与正常水压图进行比较，计算各用户的水量变化程度。

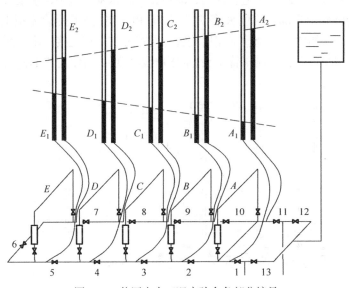

图 12-3　热网水力工况实验台各部分编号

(6)关闭其中一个用户(如用户 C)的水压。将阀门3恢复原状，各点压力一般不会恢复到原来的读数位置，不必强求符合。可重新记录各点压力、流量作为新的正常水压图，关闭用户 C 的阀门，记录新的水压图各点压力、流量。

(7)关小热网起点和终点阀门1和11时的水压图。将用户 C 的阀门恢复原状，记录本次正常水压图各点压力、流量。把阀门1和11关小，尽可能开度相同，记录新水压图各点压力和流量。

(8)阀门1和11恢复原状，关闭阀门13，即回水定压，观察网路各点压力变化情况(高位水箱放在较低位置)。

(9)阀门13恢复原状，关闭阀门12，即给水定压，观察网路各点压力变化情况(高位水箱放在较高位置)。

(10)关闭阀门12和13，调整电节点压力表至所需的压力，即补水泵定压，观察各节点压力情况。

（11）实验完毕，停止水泵运行，切断电源。

12.1.5　实验数据处理

1. 记录压力和流量读数（表 12-1）

2. 水力失调度 x

1）计算

$$x = \frac{V_s}{V_g} = \sqrt{\frac{\Delta P_{变}}{\Delta P_{正常}}} \tag{12-3}$$

式中，V_s 为工况变化后的水量；V_g 为正常工况下的水量；$\Delta P_{变}$ 为工况变化后的压差；$\Delta P_{正常}$ 为正常工况下的压差。

2）绘制水压图

根据表 12-1 和表 12-2 中的四种情况，分别绘制四张水压图，并结合课堂教学内容说明验证的问题（表格也可自行绘制）。

表 12-1　各点压力及水量记录表

项目		测点	A_1 A_2	B_1 B_2	C_1 C_2	D_1 D_2	E_1 E_2
关小供水总阀门	初状态	水压/mH₂O					
		水量/L					
	终状态	水压/mH₂O					
		水量/L					
关小供水阀门 3	初状态	水压/mH₂O					
		水量/L					
	终状态	水压/mH₂O					
		水量/L					
关闭用户 C	初状态	水压/mH₂O					
		水量/L					
	终状态	水压/mH₂O					
		水量/L					
关小阀门 1 和 11	初状态	水压/mH₂O					
		水量/L					
	终状态	水压/mH₂O					
		水量/L					

表 12-2　各用户处压差与流量变化记录表　　　　（单位：mH₂O）

工况	水压	ΔP_A	ΔP_B	ΔP_C	ΔP_D	ΔP_E
甲	正常					
	关小总供水阀					
	水力失调度					
乙	正常					
	关小供水阀门 3					
	水力失调度					
丙	正常					
	关闭用户 C					
	水力失调度					
丁	正常					
	同时关小阀门 1 及 11					
	水力失调度					

12.1.6　注意事项

(1)必须排除空气。实践证明，初调节时不必等待空气百分之百地排出以后进行实验。少量残余空气有可能在初调节过程中被带走，但在正式进行细调节以前，必须证实全部空气已被清除。

(2)系统阻力改变后，流量将有变化，必要时可适当调节供水阀。

(3)为了避免水流"短路"，须将各用户阀门关得很小，否则末端几个测压点几乎没有明显的压差；但不能把阀门关得太小，以便在进行工况测试时能使新水压图与正常水压图有明显的差别。

12.1.7　问题讨论

(1)自己设想一种水力工况，根据所学知识绘出水压图，实验时自己进行验证。

(2)如果在 C 处发生泄漏，水压图会发生什么变化？画出并在实验中验证。

(3)如果用户 C 流量突然加大，水压图是什么情况？为什么会出现这种情况？

(4)用给水定压和回水定压对管网中的水压图有影响吗？指出这两种定压方式定压点的位置。

12.2　热水采暖系统实验

热水采暖系统由热水锅炉、供热管道、散热设备三个基本部分组成。其工作过程为：首先用锅炉将水加热，然后用水泵加压，热水通过加热管道供给在室内均匀安装的散热器，通过散热器对室内空气进行加温。整个系统为循环系统，冷却后的水重新回到锅炉进行加热，进入下一次循环。本实验可以使学生通过观察系统充水时空气排除过程，观察不同系统形式的散热效果，直观地了解机械循环热水采暖系统的组成、工作原理及不同管路系统的特点。

12.2.1　实验目的

(1)直观地了解常用机械循环热水采暖系统的形式和散热器的不同管路连接方式。

（2）直观地了解机械循环热水采暖系统的上下水、集气、排气状态。

（3）观察机械循环单管跨越式热水采暖系统的水力稳定性。

12.2.2　实验原理

重力自然循环热水采暖系统工作原理如图 12-4 所示，系统循环作用压力为

$$\Delta P = P_1 - P_2 = gh(\rho_h - \rho_g) \tag{12-4}$$

机械循环热水采暖系统的作用压头为水泵的压头和自然作用压头的共同作用，如图 12-5 所示。

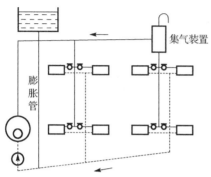

图 12-4　重力自然循环热水采暖系统工作原理

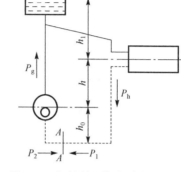

图 12-5　机械循环热水采暖系统工作原理

12.2.3　实验装置

机械循环热水采暖系统模拟实验装置如图 12-6 所示。用电加热小锅炉加热上水，用水泵加压，水温由电触点温度计控制。

机械循环单管跨越式热水采暖系统模拟实验装置如图 12-7 所示。

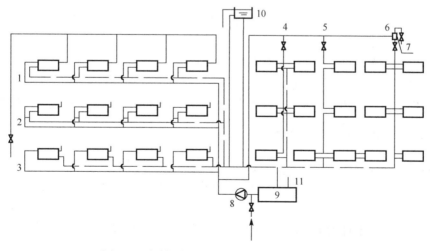

图 12-6　机械循环热水采暖系统模拟实验装置

1-水平分环下供下回双管系统(同侧连接)；2-水平分环下供下回单管跨越系统(同侧连接)；3-水平分环下供下回双管系统(异侧连接)；4-垂直式上供下回双管系统；5-垂直式上供下回单管顺流式系统；6-垂直式上供下回单管跨越式系统；7-集气罐；8-水泵；9-电加热小锅炉；10-膨胀水箱；11-电触点温度计

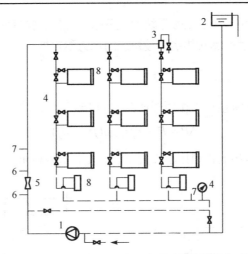

图 12-7　机械循环单管跨越式热水采暖系统模拟实验装置

1-水泵；2-膨胀水箱；3-集气罐；4-压力表；5-阻尼元件；6-流量测孔；7-压力测孔；8-浮子流量计

12.2.4　实验方法与步骤

1. 实验前准备工作

1) 掌握热水采暖系统的分类方法

(1) 按系统循环动力分；

(2) 按供、回水方式不同分；

(3) 按系统管道敷设方式分；

(4) 按热媒水温度分。

2) 机械循环热水采暖系统的主要形式及其特点

(1) 按供、回水干管布置位置不同，分为上供下回式、下供下回式、中供式、下供上回式 (倒流式)、混合式。

(2) 按供、回水方式不同，分为双管和单管系统。

(3) 按管道敷设方式不同，分为垂直式和水平式。

(4) 按供、回水通过各立管的循环环路的总长度是否相等，分为同程式和异程式。

2. 机械循环热水采暖系统的模拟

(1) 熟悉机械循环热水采暖系统模拟实验装置的电加热小锅炉、水泵、除污器、膨胀水箱、集气罐、主要开关阀门位置及作用，以及电加热小锅炉、水泵开关和温度指示信号灯位置。

(2) 用电触点温度计调节锅炉热水的温度，满足实验用水温要求。通常实验用热水温度为 40~50℃。

(3) 打开上水阀门，依靠自来水水压向采暖系统上水，观察下分式系统上部集气罐中水位和气体聚集情况。当膨胀水箱中的溢流管中有水溢出时，关闭阀门，停止上水。

(4) 观察膨胀水箱和系统连接点处与水泵的相对位置。

(5)接通电加热小锅炉电源，使水加热；启动水泵，使水循环。观察膨胀水箱中水和气的变化情况。打开阀门，排放集气罐内的气体，观察排气状况对散热设备正常工作的影响。

(6)观察水平下分式双管系统管路连接方式对散热器的积气死角的影响及局部排气的作用。

(7)观察垂直上分式单管顺流串通式管路连接方式对散热器的积气死角的影响及局部排气的作用。

(8)观察垂直上分式单管跨越式管路连接方式对散热器的积气死角的影响及局部排气的作用。

3. 机械循环单管跨越式热水采暖系统的模拟

(1)打开上水阀门，依靠自来水水压向采暖系统上水，当膨胀水箱中的溢流管中有水溢出时，关闭阀门，停止上水。

(2)关小或关闭机械循环单管跨越式热水采暖系统某个用户的阀门，通过各个散热器的浮子流量计观察该用户调节后对其他用户水力稳定性的影响。

4. 停止演示运行

(1)拉开电加热小锅炉的电闸。
(2)拉开水泵的电闸。
(3)打开泄水阀门，使水从系统中排掉。

12.2.5　问题讨论

(1)垂直式供暖系统按干管位置可分为哪几种系统形式？各有什么特点？
(2)机械循环热水采暖系统膨胀水箱的膨胀管应接到何处？为什么？
(3)水平跨越式采暖系统中散热器的支管连接方式有几种？不同形式的优缺点是什么？
(4)下供下回双管系统的排气是如何实现的？
(5)跨越式采暖系统中跨越管的用途是什么？
(6)膨胀水箱的用途是什么？它上面都有哪些连接管？每根连接管的用途各是什么？每根管是否都可以装阀门？
(7)实际工程中，下供上回(倒流式)系统除特殊情况外很少采用，为什么？
(8)本演示系统排出空气有哪几种方式？画出其简图。

第13章　锅炉与锅炉房工艺实验

13.1　煤的发热量测定实验

煤的发热量是煤的重要特征之一，在锅炉设计和改造工作中，发热量是组织锅炉热平衡、计算燃烧物料平衡等各种参数和设备选择的重要依据。本实验采用氧弹量热计测定煤的发热量。

13.1.1　实验目的

(1)了解氧弹量热计的原理、构造和使用方法，学会用它测定固定试样的燃烧热。
(2)掌握混煤采样、缩制、取样的方法及煤粉的采样、缩制方法。
(3)学习有关锅炉实验的一般知识。

13.1.2　实验原理

煤的发热量测定是将可燃物质煤、氧化剂及其容器与周围环境隔离，测定燃烧前、后系统温度的升高值 Δt，再根据系统的热容 C、可燃物质的质量 m 计算每克物质的定容燃烧热 Q_v。一般是利用已知燃烧热的标准物质在相同条件下完全燃烧，根据其燃烧前、后系统温度的变化 Δt，可计算出每千克煤的燃烧热 Q_{dt}^f，称为煤的弹筒发热量。

为了使被测物质能迅速而完全燃烧，需要有强有力的氧化剂。在实验中经常使用压力为 $25\sim30\text{atm}(2533\sim3039\,\text{kPa})$ 的氧气作为氧化剂。用 GR-3500 型氧弹量热计进行实验时，氧弹放置在装有一定量水的铜水筒中，水筒有空气绝热层，外层是温度恒定的水夹套。

标准燃烧热指的是在标准状态下，1mol 物质完全燃烧成同一温度的指定产物(C 和 H 的燃烧产物为 CO_2，H_2O)的焓变化，用 $\Delta_c H_m^{\ominus}$ 表示。

在氧弹量热计中，可测得物质的定容摩尔燃烧热 $\Delta_c U_m$，若气体为理想气体，忽略压力影响，则

$$\Delta_c H_m^{\ominus} = \Delta_c U_m + \Delta n \cdot R \cdot T \tag{13-1}$$

式中，Δn 为燃烧前、后气体的物质的量的变化。

样品在体积固定的氧弹中燃烧放出的热、引火丝燃烧放出的热和由氧气中微量的氮气氧化成硝酸的生成热，大部分被水筒中的水吸收，另一部分则被氧弹、水筒、搅拌器及温度计等所吸收，在量热计与环境没有热交换的情况下，可写出如下的热量平衡式：

$$Q_v \cdot a + qb + q_n = wh \cdot \Delta t + K \cdot \Delta t \tag{13-2}$$

式中，Q_v 为被测物质的定容燃烧热，J/g；a 为被测物质的质量，g；q 为引火丝的燃烧热，J/g(铁丝为 6699J/g，镍丝为 2512J/g)；b 为烧掉了的引火丝质量，g；q_n 为硝酸生成热，$q_n=0.0015 \cdot Q_v \cdot G$；

w 为水筒中的水的质重，g；h 为水的比热容，$J/(g \cdot ℃)$；K 为量热计的水当量，$J/℃$；Δt 为与环境无热交换时的真实温差，℃；G 为苯甲酸的质量，g。

如果在实验时保持水筒中水量一定，把式(13-2)右端常数合并，得

$$Q_v \cdot a + qb + q_n = K \cdot \Delta t \tag{13-3}$$

实际上，氧弹量热计不是严格的绝热系统，加上由于传热速度的限制，燃烧后由最低温度达最高温度需一定的时间，在这段时间里系统与环境难免发生热交换，因而从温度计上读得的温差就不是真实的温差Δt。为此，必须对读得的温差进行校正，下面是校正公式：

$$C = nV_0 + \frac{V_n - V_0}{t_{pn} - t_{p0}} \left(\frac{t_0 + t_n}{2} + \sum_{i=1}^{n-1} t_i - nt_0 \right) \tag{13-4}$$

式中，n 为由点火到终点的时间，min；V_0 为在点火时内、外筒温差影响下造成的内筒降温速度(初期温降)，K/min；V_n 为在终点时内、外筒温差影响下造成的内筒降温速度(末期温降)，K/min；t_{p0} 为点火前(初期平均)内筒温度，K；t_{pn} 为终点后(末期平均)内筒温度，K；t_0 为点火时内筒温度，K；t_n 为终点时内筒温度，K；t_i 为主期内第 i 分钟时内筒温度，K。

初期：一般搅拌 2～4min，取 2～4 个点；

主期：一般搅拌 9min，取 9 个点；

末期：从开始点火成功的第 10min，算末期温度，1min 取一次，直到实验结束。

在考虑了温差校正后，其实温差Δt 应该是

$$\Delta t = t_n - t_0 + C \tag{13-5}$$

从式(13-3)可知，要测得样品的Q_v，必须知道仪器常数(仪器的水当量)K。测定的方法是以一定量的已知燃烧的标准物质(常用苯甲酸，$Q_v = 26470J/g$)在相同的条件下进行实验，测得 t_0、t_n，并用式(13-4)算出Δt 后，就可按式(13-3)算出 K 值。

实验所采用的仪器是 HDC6000 微机量热计，其特点是铅电阻感温探头测温、计算机读数计算、人工调制温差、人工称水装水。氧弹和内筒是仪器的主体，即实验所研究的系统。系统与外筒隔以空气绝热层，下方有绝热垫片架起，上方有绝热盖板覆盖，以减少对流和蒸发。为了减少辐射及控制环境温度恒定，外筒中灌满与系统温度相近的水。为使系统温度很快达到均匀，还装有内筒搅拌装置。铅电阻感温探头测得温度信号，通过测温卡放大，模拟转换并传送给计算机，计算机将测温卡传递过来的温度信号进行数据处理，运算、显示结果，并且通过温度控制器控制搅拌、点火，测试完毕后自动打印有关数据、图形及结果。

13.1.3　实验装置

图 13-1 为氧弹量热计的结构图，由外筒、内筒、氧弹、感温探头、搅拌器、点火电极等组成。氧弹量热计的工作原理如下。

(1)在密闭的氧弹中，充有过量氧气的条件下，试样能保证达到完全燃烧。

(2)氧弹放置在内筒水中，试样燃烧释放出的热量完全被水吸收。

(3)量热体系水的温升准确反映了试样的发热量。

(4)量热计主板将感温探头的信号传给计算机，接收并识别计算机发来的控制命令。

(5)量热计控制板提供仪器电源，并控制泵阀、搅拌、点火等执行部件。

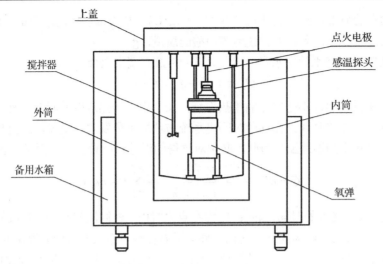

图 13-1　氧弹量热计结构图

13.1.4　实验方法与步骤

1. 量热计的水当量 K 的测定(有的仪器已经给出，需要校正)

(1)在分析天平上准确称量苯甲酸片(成品)，或在台秤上称取 0.9～1.1g 标准级苯甲酸，用布擦净压片机，然后把压片模装在压片机上，从上口装入用台秤粗称过的苯甲酸进行压片。压片若被污染，可用小刀刮净，然后在干净的玻璃板上轻轻敲击 2～3 次，再在分析天平上准确称量。

(2)用手拧开氧弹盖，将其放在专用架上，装好专用的石英杯或不锈钢杯，用移液管取 10ml 蒸馏水放入氧弹中。

(3)取定长度(准确)的引火丝穿过药片，然后将两端固定在点火电极上，盖好并用手拧紧盖。给氧弹充入氧气，将导气管的一端连接在氧弹的进气管，另一端与氧气钢瓶上的氧气减压阀连接。打开钢瓶上的阀门缓缓进气，当达到 25～30atm($1atm=1.01325×10^5$ Pa)后关好钢瓶阀门及减压阀，拧下氧弹上导气管。

(4)在两极上接上点火导线，盖好盖子。在量热计夹套中装自来水，内筒中装入 3L 自来水。然后把氧弹放入内筒中，若水尚未淹至弹盖上缘，还应加入一定量的水(如 250ml 或 500ml 等)用手扳动搅拌器，检查桨叶是否与器壁相碰，检查完毕即可开动搅拌器。

(5)待温度变化基本稳定后，开始读点火前最初阶段的温度，每隔 0.5min 读一次，共 10 个间隔，该数完毕立即按电钮点火。指示灯熄灭表示着火，继续每 0.5min 读一次温度，直至温度开始下降。再读取最后阶段的 10 次读数，便可停止实验。温度上升很快阶段的温度读数可较粗略，最初阶段和最后阶段则需精密到 0.002℃。

(6)停止实验后关闭搅拌器，再打开量热计盖，取出氧弹并将其拭干，打开放气阀门缓缓放气，放完气后拧开盖子，检查燃烧是否完全，若氧弹内有炭黑或未燃烧的试样，则应认为实验失败。若燃烧完全，则量取燃烧后剩下的引火丝长度。

2. 正式实验

1) 煤的取样

炉前收到基煤的煤样采集，应在过秤前的小车上、炉前煤堆中或皮带输送机上取样，在小车上取样时，取样部位在小车上距四角 5cm 处和中心部位 5 点取样；在煤堆中取样时，一般要在煤堆四周高于地面 10cm 以上处取样，且采样点不少于 5 点；在皮带输送机上取样时，时间间隔要均匀。上述方法每点或每次采样不得少于 0.5kg。

2) 煤样的缩制

要得到试样煤样必须对燃煤进行缩分。缩分时将煤倒在干净的铁板上或水泥地面上，将大块煤先用榔头砸碎至 13mm 以下，再充分混合，用铁锨将煤铲起，自上而下散落，且锨头方向要有规律地变化，以使煤堆周围的粒度分布尽量均匀，如此反复锥堆 3 次，然后用铁锨压锥体顶部，形成一个均匀的圆饼状，将其分成 4 个面积大致相等的扇形，将相对的 2 个扇形去掉，将留下部分再以同样的方法进行掺和缩分，直至缩分出的质量不小于 2kg，并分成 2份，一份送实验室，一份保存备查。

3) 煤粉的取样和缩制

所采集的煤粉应仔细掺混、缩分，最后得到 0.5kg 左右的试样，将其分成 2 份，一份送实验室，一份保存备查。

4) 煤发热量的测定

(1) 仪器安装。

① 要求摆放在水平、工整的工作台上，周围至少留有 10cm 以上的间距，以便连接线路，避免周围物体对仪器恒温系统的影响；更不能在其周围放置加热及制冷装置。

② 接线：量热主机上有搅拌电机连线、点火线和温度传感器连线，各连线的接插头采用 ONLY-ONE 设计，以保证不会出差错。

③ 点火与搅拌实验：启动控制软件，手动按下"控制"＋"↑"键(同时)，或"控制"＋"→"键(同时)，应能接通点火线路或启动搅拌电机。

(2) 测量准备。

① 给外筒加满水(约 18kg)，以手动搅拌时不溢出为限；为了使测量时的温度能尽快达到平衡，加入外筒的水最好预先在室内放置半天以上；水注入外筒后还应手动搅拌数十次(外筒上的红色手柄即手动搅拌杆)。

② 称样：称取一定质量的测定样品(精确到 0.0002g)，放入燃烧皿中。

注意：标定时，称取片剂苯甲酸 1g(约 2 片)，精确到 0.0002g。

③ 装点火丝：将氧弹盖放在弹头支架上，取一根 9cm 长的点火丝，把点火丝与试样接触好，两端挂在两根开有斜缝的装点火丝杆上(其中一根杆也是燃烧皿托架)，用锁紧小套管锁紧。注意：不可让点火丝接触燃烧皿或氧弹体的其他金属外壳部位，以免旁路点火电流，使点火失败；为了防止样品燃烧时直冲氧弹头上的密封件，在燃烧皿上面设有圆形挡火板。

④ 充氧：在氧弹内加入 10ml 蒸馏水，拧紧氧弹盖，将充氧器接在工业氧气瓶上，把气导管接在氧弹上，打开气阀，限压在 2.5～3MPa，往氧弹内缓缓冲入氧气，压力平衡时间不得短于 30s，充好氧气的氧弹放入水中检验是否漏气，看不到冒气泡说明氧弹不漏气。

⑤ 给内筒加水：将氧弹放在内筒的氧弹座架上，向内筒加入调好水温的蒸馏水（约3000g，水面应在进气阀螺母的 2/3 处），每次的加水量必须相同（误差小于 1g）；使内筒水温比外筒水温低 0.2～0.5K，以便在测量结束时内筒水温高于外筒水温，温度曲线可出现明显下降。将内筒放在外筒的绝缘支座上，以保证每次位置的一致性。

⑥ 插好点火线：将弹氧带好火帽，插好点火电极。

⑦ 盖好外筒筒盖：将点火线卡在筒盖上留的缺口处。

⑧ 开启仪器右后上部的红色电源开关，这时面板上的电源指示灯点亮。

(3) 微机控制。

① 开机后即已经启动控制软件。

② 选择"国际测量""瑞-芳测量""国标标定""瑞-芳标定"（在微机内部会对应不同的计算公式）。

③ 输入苯甲酸或样品质量、仪器热容量和附加热量。

④ 选择"开始测量"，按"确定"键，仪器即开始自动标定或者测量。必要时会有提示出现。

⑤ 测量结束，可选择是否计算高、低位发热量（仪器标定无此项）。

⑥ 询问用户是否即时打印，或以后再打印输出。注意：测量结果只保存到下次测量开始之前，只要不进行新的测量，即使关机（断电）再开机，数据依然保存，还可以打印输出。

13.1.5　实验数据处理

1. 量热计的水当量 K 的计算

2. 分析试样的弹筒发热量 Q_{dt}^f，测定结果按式(13-6)计算

$$Q_{dt}^f = (K \cdot T - \Sigma qb) / G \tag{13-6}$$

式中，Q_{dt}^f 为分析试样的弹筒发热量，J/g；G 为分析试样的质量，g；T 为与环境无热交换时的真实温差，℃；其他同上。

3. 高位发热量的计算

高位发热量可从弹筒发热量求得

$$Q_{gr,ad} = Q_{b,ad} - (95S_{t,ad} + \alpha Q_{b,ad}) \tag{13-7}$$

式中，$Q_{gr,ad}$ 为空气干燥基煤的高位发热量，J/g；$Q_{b,ad}$ 为空气干燥基煤的弹筒发热量，J/g；$S_{t,ad}$ 为空气干燥基煤的全硫含量；95 为煤中每 1%硫的校正值，J；α 为硝酸校正系数，对于贫烟和无烟煤取 0.001，其他煤取 0.0015。

4. 低位发热量的计算和换算

低位发热量是指煤在工业锅炉中燃烧时所产生的热量。煤在工业锅炉中燃烧时，煤中水分和氢生成的水蒸气随烟道气进入大气中（假设燃烧产物中的水呈 20℃水蒸气状态），此时燃料燃烧放出的热量一部分被水汽化所吸收，故热值降低。

高位发热量减去这部分汽化热(或称蒸发热)后即低位发热量,如式(13-8)所示:

$$Q_{net,v,ar} = (Q_{gr,v,ad} - 206H_{ad}) \times \frac{100 - M_t}{100 - M_{ad}} - 23M_t \tag{13-8}$$

式中, $Q_{net,ad}$ 为分析煤样的低位发热量, J/g; $Q_{gr,ad}$ 为分析煤样的高位发热量, J/g; H_{ad} 为分析煤样氢含量, %; M_t 为分析煤样全水分含量, %; M_{ad} 为分析煤样空干基水分含量, %。

13.1.6　问题讨论

(1)什么是燃料的发热量? 高位发热量与低位发热量有什么区别?

(2)弹筒发热量、高位发热量、低位发热量有何区别? 有关锅炉的热工计算中用到的是哪种发热量?

(3)什么是热量计的热容量? 它是如何确定的?

(4)热量计有几种形式? 分别列举几种。

(5)你认为本次实验得到的数据是否需要校正? 应在什么地方进行校正?

13.2　煤的工业分析实验

煤的工业分析是锅炉设计、灰渣系统设计和锅炉燃烧调整的重要依据,是燃料分析的基础性实验,是对煤在燃烧过程中呈现出来的特性进行的定量分析。它通过规定的实验条件测定煤中水分、灰分、挥发分和固定碳的质量分数,并观察评判焦渣的黏结特征。煤的工业分析实验,具体地说,就是用实验的方法来测定煤中的水分(M)、灰分(A)、挥发分(V)和固定碳(fixed carbon, FC)的质量分数。在实验时,只需测定煤中的水分、灰分和挥发分的质量分数,而煤中固定碳的质量分数则是100%减去水分、灰分和挥发分质量分数后的差值。

13.2.1　实验目的

(1)了解煤中水分存在的形态。

(2)了解煤中灰分的来源及其矿物质在灰分测定过程中的变化情况。

(3)了解测定挥发分的意义,掌握焦渣特征的鉴定方法。

(4)掌握水分、灰分和挥发分的测定方法。

(5)掌握水分、灰分、挥发分以及固定碳的质量分数的计算方法。

13.2.2　实验原理

煤在加热到一定温度时,首先水分被蒸发出来;继续加热时,煤中 C、H、O、N、S 等元素所组成的有机质、无机质分解产生气体挥发出来,这些气体称为挥发分;挥发分析出后,剩下的是焦渣,焦渣就是碳和灰分。煤的工业分析就是在明确规定的实验条件下(GB/T 212—2008《煤的工业分析方法》)测定煤中水分、灰分、挥发分质量分数(分别简称水分、灰分、挥发分),煤中固定碳的质量分数(简称固定碳)是以100%减去水分、灰分、挥发分质量分数而计算得出的。

1. 水分

煤中水的存在形态可以分为游离水和化合水两种。游离水是煤的内部毛细管吸附或表面附着的水；化合水是和煤中的矿物质呈化合形态存在的水，也称结晶水，如 $CaSO_4·2H_2O$ 和 $Al_2O_3·2SiO_2·2H_2O$。游离水又分外在水和内在水。外在水是附着在煤的表面和被煤的表面大毛细管吸附的水。把煤放在空气中干燥时，煤中的外在水分很容易蒸发，蒸发到煤表面的水蒸气压和空气的相对湿度平衡，此时的煤称为空气干燥基煤。当把这种煤制成粒度为 0.2mm 以下进行分析所用的试样时就称为分析煤样。用空气干燥状态煤样化验所得的结果就是空气干燥基的结果。内在水是煤的内部小毛细管所吸附的水，在常温下这部分水是不会失去的，只有加热到 105～110℃时，经过一段时间后，才能失去。而结晶水通常要在 200℃以上才能分解析出。

根据煤样的状态，煤的水分测定可分为收到基煤样的水分测定及空气干燥基煤样的水分测定两种情况。

水分是指试样在 105～110℃时，干燥至恒重所失去的质量占原质量的百分数。

2. 灰分

煤的灰分是指在 $(815±10)$ ℃时，煤中的可燃物质完全燃烧，其中的矿物质在空气中经过一系列复杂的化学反应后所剩余的残渣，煤中的灰分来自矿物质，但它的组成和质量与煤中的矿物质不完全相同，灰分是一定条件下的产物。

煤中的矿物质来源于三个方面。

(1) 原生矿物质。它是由成煤植物本身的金属元素所形成的。煤中的原生矿物质含量很少，一般不高于 2%～3%，分布均匀，与煤中的有机物质紧密结合，很难分离出来，它的含量虽少，但与锅炉的结渣和腐蚀有密切的关系。

(2) 次生矿物质。它是在成煤过程中经煤层裂缝渗入的各种矿物质溶液积聚而形成的，它的含量也不高，也很难除去。

煤中的原生矿物质和次生矿物质总称为煤的内在矿物质。由内在矿物质形成的灰分称为内在灰分。

(3) 外来矿物质。它是在开采的过程中混入的泥沙和矸石等，此类物质在煤中的分布极不均匀。外来矿物质很容易用机械或洗选的方法除去，由它形成的灰分称为外在灰分。

当用燃烧法测定煤中的灰分时，煤中矿物质在燃烧过程中发生下列化学反应。

1) 失去结晶水

当温度高于 400℃时，含有结晶水的硫酸盐和硅酸盐发生脱水反应：

$$CaSO_4·2H_2O = CaSO_4 + 2H_2O$$

$$Al_2O_3·2SiO_2·2H_2O = Al_2O_3·2SiO_2 + 2H_2O$$

2) 受热分解

碳酸盐在 600℃以上开始分解：

$$CaCO_3 = CaO + CO_2 \uparrow$$

$$FeCO_3 \mathrm{=\!=\!=} FeO+CO_2\uparrow$$

3）氧化反应

在氧化介质（即空气）的作用下，400～600℃时，发生下列氧化反应：

$$4FeS_2+11O_2 \mathrm{=\!=\!=} 2Fe_2O_3+8SO_2\uparrow$$

$$2CaO+2SO_2+O_2 \mathrm{=\!=\!=} 2CaSO_4$$

$$4FeO+O_2 \mathrm{=\!=\!=} 2Fe_2O_3$$

4）挥发

碱金属化合物和氧化物在 700℃以上会部分挥发。

以上各种反应在 800℃左右基本上已经完成，所以测定煤中灰分的温度规定为 815℃左右。但在此温度下，有些反应需一定时间才能完成，因此，测定时必须进行检查性的灼烧实验。

SO_3 和 CaO 在实验条件下生成 $CaSO_4$，使测定结果偏高而且不稳定，为此，需要适当的加热程序和通风条件。首先，让煤样在 500℃时保持一段时间，使黄铁矿硫和有机硫的氧化反应在这一温度下基本完成，并使生成的 SO_2 有效地排出反应区。而碳酸盐 600℃时才开始分解，800℃时才分解完全。

煤的灰分测定的方法要点：称取一定量的煤样，放入箱形电炉内灰化，然后在(815±10)℃的条件下灼烧至恒重，以残留物质量占煤样质量的百分数作为灰分。

3．挥发分

把煤样与空气隔绝，在一定温度条件下，加热一定时间后，由煤中有机物质分解出来的液体（此时为蒸汽状态）和气体产物的总和称为挥发分，其质量分数称为挥发分产率，简称挥发分。挥发分不是煤中的固有物质，而是在特定条件下的热分解产物。

挥发分是煤炭分类的主要指标，根据挥发分可以大致判断煤的变质程度，褐煤一般为 40%～60%，烟煤一般为 10%～40%，而无烟煤则小于 10%，根据挥发分和焦渣的特征还能估计煤的热值。

对于动力用煤，煤中的挥发分及其热值对煤的着火和燃烧情况都有较大的影响。

煤在隔绝空气条件下加热时，不仅有机物质发生热分解，煤中的矿物质也会发生相应的变化。一般情况下，因矿物质分解而产生的影响不大，可以不加考虑。但当煤中的碳酸盐含量大于 2%时，应对实验结果加以校正。

煤的挥发分测定是规范性很强的一项实验，测定结果完全取决于所规定的实验条件。

加热温度和加热时间对其影响最大，试样质量，坩埚的材料、厚度及容积等对挥发分都有一定影响。

4．固定碳与焦渣特征

挥发分逸出后的残留物称为焦渣。经实验后煤样中的灰分转入焦渣中，从焦渣质量中减去灰分的质量即固定碳的质量。

焦渣外形具有一定的特征，它与煤中有机物质的性质有一定关系，所以焦渣特性也作为煤质分类的一项参考指标，焦渣特征可分为八类，具体见 13.2.4 节。

13.2.3　实验装置

在煤的工业分析实验中主要用到以下实验设备，实验设备的尺寸如图 13-2～图 13-5 所示。

(1)干燥箱。又名烘箱或恒温箱，供测定水分和干燥器皿等使用。带有自动调温装置，温度能保持在 105～110℃或(145±5)℃。内附风机，顶部装有水银温度计指示箱内温度。

(2)箱形电炉。用于测定挥发分、灰分和灼烧试样。带有调温装置，最高温度能保持在 1000℃左右，炉膛中具有相应的恒温区，并附有测温热电偶。

(3)分析天平。感量为 1mg。

(4)托盘天平。感量为 1g 和 5g 各一台。

(5)干燥器。下部置有带孔瓷板，板下装有变色硅胶或未潮解的块状无水氯化钙等干燥剂。

(6)玻璃称量瓶。尺寸如图 13-2 所示，带有严密的磨口盖。

(7)灰皿。为长方形灰皿，结构及尺寸如图 13-3 所示。

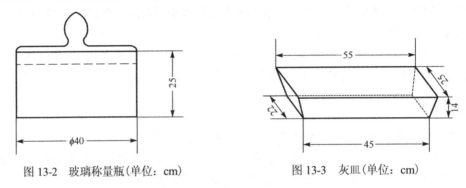

图 13-2　玻璃称量瓶(单位：cm)　　　　　　　图 13-3　灰皿(单位：cm)

(8)挥发分坩埚和坩埚架。用于煤样挥发分的测定。结构及尺寸如图 13-4 和图 13-5 所示。

(9)其他：石棉手套、秒表、坩埚架夹、压饼机、耐热瓷板或石棉板、广口瓶、标准筛等。

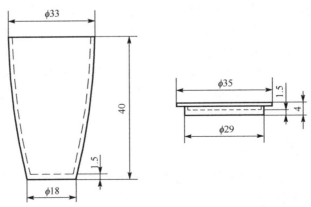

图 13-4　挥发分坩埚(单位：cm)

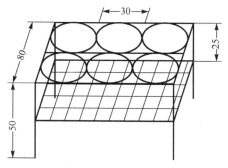

图 13-5　坩埚架(单位：cm)

13.2.4　实验方法与步骤

1. 实验要求

(1)装试样的器皿(玻璃称量瓶、挥发分坩埚、灰皿)应事先编好号，烘干存放于干燥器中，在装入试样前应精确称量器皿的质量。

(2)分析煤样应按规定(GB 474—2008《煤样的制备方法》)的缩制方法制备好，粒度应在 0.2mm 以下，并达到空气干燥状态(将煤样放入盘中，摊成均匀的薄层，于温度不超过50℃下干燥。如果连续干燥 1h 后，煤样的质量变化不超过 0.1%，即达到空气干燥状态)。试样应装在带有严密玻璃塞的广口瓶内。称取试样时应先用药勺把试样充分搅拌均匀，然后取样。

2. 实验步骤

1)空气干燥基水分(M_{ad})的测定

因煤种不同，空气干燥基水分的测定方法也有所差异，此处仅介绍用于仲裁分析的通氮干燥法，它适用于烟煤、无烟煤和褐煤等所有煤种。

(1)通氮干燥法水分测定要点、步骤及计算公式。

称取一定量的空气干燥煤样，置于 105～110℃的干燥箱中，在干燥氮气流中干燥到质量恒重。然后根据煤样的质量损失计算出水分的质量分数。

① 用预先干燥和已称量过的称量瓶(或瓷皿)称取粒度小于 0.2mm 的空气干燥煤样(1±0.1)g(称准到 0.0002g)平摊在称量瓶中。

② 打开称量瓶盖，放入预先通入干燥氮气并已加热到 105～110℃的干燥箱中。烟煤干燥 1.5h，褐煤和无烟煤干燥 2h(在称量瓶放入干燥箱前 10min 开始通入氮气，氮气流量以每小时换气 15 次为准)。

③ 从干燥箱中取出称量瓶，立即盖上盖，在空气中冷却 2～3min，放入干燥器中冷却至室温(约 20min)后称量。

④ 进行检查性干燥，每次 30min，直至连续两次空气干燥煤样质量的减少不超过 0.0010g或质量增加。在后一种情况下，采用质量增加前一次的质量为计算依据。水分在 2.00%以下时，不必进行检查性干燥。

⑤ 工业分析空气干燥煤样的水分计算公式：

$$M_{ad} = \frac{m_1}{m} \times 100 \qquad (13\text{-}9)$$

式中，M_{ad}为空气干燥煤样的水分，%；m为称取空气干燥煤样的质量，g；m_1为煤样干燥后失去的质量，g。

(2)空气干燥基水分的快速测定法(不适于仲裁分析)。

用干燥并已称量过的称量瓶(或瓷皿)称取粒度小于0.2mm的空气干燥煤样(1 ± 0.1)g(称准到0.0002g)平摊在称量瓶中。将装有试样的称量瓶(或瓷皿)打开盖，放入预先鼓风并加热到(145 ± 5)℃的干燥箱中，在一直鼓风的条件下干燥10min(褐煤干燥1h)。从干燥箱中取出称量瓶，立即盖上盖，在空气中冷却2～3min，放入干燥器中冷至室温(约20min)后称量。根据煤样的质量损失计算出水分的质量分数。计算与常规测定法相同。

2)空气干燥基灰分(A_{ad})的测定

(1)缓慢灰化法灰分测定要点、步骤、计算公式。

煤中灰分的测定方法有缓慢灰化法和快速灰化法。缓慢灰化法为仲裁法，其要点为称取一定量的空气干燥煤样，放入马弗炉中，以一定的升温速率加热到(815 ± 10)℃，灰化并灼烧到质量恒定。以残留物质量占煤样质量的百分数作为煤样的灰分。

① 称取空气干燥煤样(1 ± 0.1)g，准确到0.0002g，放入预先灼烧到质量恒定的灰皿内，轻轻摆动使煤样摊平在灰皿中。

② 将灰皿送入温度不超过100℃的马弗炉恒温区(如果与水分联测，则把测定水分后装有试样的瓷皿放入马弗炉恒温区)。关上炉门并使炉门留有15mm左右的缝隙(或打开炉门上的通风孔)，在不短于30min的时间内使炉温缓慢升至500℃，在此温度下保持30min，然后继续升温到(815 ± 10)℃，关闭炉门，并在此温度下灼烧1h。

③ 取出灰皿，放在石棉板上，在空气中冷却约5min，移入干燥器中冷却到室温(约20min)后称量。

④ 进行检查性灼烧，每次约20min，直至连续两次灼烧后质量变化不超过0.0010g。最后一次灼烧后的质量作为计算依据。煤样灰分低于15%时，可不进行检查性灼烧。

⑤ 工业分析灰分测定计算计算公式。

煤样灼烧后残留物质量占灼烧前煤样质量的百分数即空气干燥基煤样的灰分。

空气干燥煤样灰分的计算公式：

$$A_{ad} = \frac{m_2}{m} \times 100 \qquad (13\text{-}10)$$

式中，A_{ad}为空气干燥煤样的灰分，%；m为称取空气干燥煤样的质量，g；m_2为灼烧后残留物的质量，g。

(2)快速灰化法灰分测定步骤。

称取空气干燥煤样(1 ± 0.1)g，准确到0.0002g，放入预先灼烧到质量恒定的灰皿内，轻轻摆动使煤样摊平在灰皿中。把装有煤样的灰皿分3或4排预先放在瓷板上。然后将预先加热到850℃的箱形电炉的炉门打开。把放有灰皿的瓷板缓缓推进炉内。使第1排灰皿中的煤样慢慢灰化。等5～10min后，煤样不再冒烟时，以每分钟不大于2cm的速度将2～4排灰皿顺序推进炉中恒温区(若煤样发生着火爆炸，实验作废)。关闭炉门，使其在(815 ± 10)℃下灼烧40min。

若遇检查时结果不稳定，应改用缓慢灰化法。其余均与缓慢灰化法相同。

3) 空气干燥基挥发分(V_{ad})测定

(1)挥发分测定要点、步骤及计算公式。

称取一定量的空气干燥煤样，放在带严密盖的挥发分坩埚中，在(900 ± 10)℃下隔绝空气加热 7min，以减少的质量占煤样质量的百分数，减去煤样的水分作为煤样空气干燥基的挥发分。

① 称取空气干燥煤样(1 ± 0.1)g，准确到 0.0002 g，放入预先于 900℃灼烧到质量恒定的带盖挥发分坩埚中，轻轻振动坩埚，使煤样摊平，盖上盖子后放在坩埚架上(褐煤和长焰煤应预先压饼，并切成约 3mm 的小块)。

② 将马弗炉预先加热到 920℃左右。打开炉门，迅速将放有坩埚的架子送入恒温区，立即关闭炉门，并计时，准确加热 7min。坩埚及架子放入后，要求炉温在 3min 内恢复至(900 ± 10)℃。此后保持在(900 ± 10)℃，否则此次实验作废。加热时间包括温度恢复时间。

③ 取出坩埚，放在空气中冷却约 5min，移入干燥器中冷至室温(约 20min)后称量。

④ 空气干燥煤样的挥发分计算公式：

$$V_{ad} = \frac{m_3}{m}\times100 - M_{ad} \tag{13-11}$$

式中，V_{ad}为空气干燥煤样的挥发分，%；m 为空气干燥煤样的质量，g；m_3 为煤样加热后减少的质量，g；M_{ad} 为空气干燥煤样的水分，%。

(2)焦渣特性分类。

挥发分测定后，坩埚中残留物称焦渣，焦渣的主要成分是灰分和固定碳。通过对焦渣的观察，可初步鉴定其特征。焦渣按以下规定划分为八类。

① 粉状。全部是粉末，没有互相黏着的颗粒。

② 黏着。用手指轻碰即成粉末或基本上是粉末，其中较大的团块轻轻一碰即成粉末。

③ 弱黏着。用手指轻压即成小块。

④ 不熔融黏性。手指用力压才裂成小块，焦渣上表面无光泽，下表面稍有银白色光泽。

⑤ 不膨胀熔融黏结。焦渣形成扁平的块。煤粒的界限不易分清，焦渣上表面有明显银白色金属光泽，下表面银白色光泽更加明显。

⑥ 微膨胀熔融黏结。用手指压不碎，焦渣的上、下表面均有银白色金属光泽，但焦渣表面具有较小的膨胀泡(或小气泡)。

⑦ 膨胀熔融黏结。焦渣上、下表面有银白色金属光泽，明显膨胀。但高度不超过 15mm。

⑧ 强膨胀熔融黏结。焦渣上、下表面有银白色金属光泽，焦渣高度超过 15 mm。

为了简便起见，通常用上列序号作为各种焦渣特征的代号。

4) 固定碳的计算

空气干燥煤样的固定碳计算公式：

$$FC_{ad} = 100 - (M_{ad} + A_{ad} + V_{ad}) \tag{13-12}$$

式中，FC_{ad}为空气干燥煤样的固定碳，%；M_{ad} 为空气干燥煤样的水分，%；A_{ad} 为空气干燥煤样的灰分，%；V_{ad} 为空气干燥煤样的挥发分，%。

13.2.5 实验数据处理

空气干燥基煤的工业分析实验记录与计算如表 13-1 所示。

表 13-1 实验数据记录及计算表格

成分	容器编号	容器质量	试样质量	实验前总质量	实验后总质量	计算公式	计算结果	平均结果
M_{ar}								
M_{ad}								
A_{ad}								
V_{ad}								

13.2.6 实验测定误差

煤中各成分的允许误差如表 13-2 所示。

表 13-2 煤中各成分的允许误差

成分/%	范围/%	允许误差/%
M_{ad}	<5.00	0.20
	5.00~10.00	0.30
	>10.00	0.40
A_{ad}	<15.00	0.20
	15.00~30.00	0.30
	>30.00	0.50
V_{ad}	<20.00	0.30
	20.00~40.00	0.50
	>40.00	0.80

所有测定项目都应用两份试样同时测定，如果测定结果的差值不超出允许误差，则取其算术平均值作为测定结果；否则，应进行第三次测定，取两次相差最小而又不超出允许误差的结果平均后作为结果。如果第三次测定结果居于前两次结果的中间，而与前两次结果的差值都不超出允许误差，则取三次结果的平均值作为结果；如果三次测定结果中任何两次结果的差值都超出允许误差，应舍弃全部测定结果，检查仪器和操作，重新进行测定。

凡需要根据水分测定结果进行校正或换算的分析实验最好和水分测定同时进行；否则，两者的测定时间相距也不应超过五天。

13.2.7 问题讨论

(1)在测定灰分时，为什么要采用通风措施并要求在 500℃下保温 0.5h？

(2)全水分是指煤中的所有水分吗？为什么？

(3)从电炉中取出的试样为什么一定要放入干燥器中冷却至室温称量？

(4)在称取试样之前，为什么容器应先烘干或灼烧至恒重并要求放入带有干燥剂的干燥器内？

(5)为什么测 A_{ad} 和 V_{ad} 时对试样的质量要求不一样？

(6)根据实验结果，计算煤中的干燥无灰基的挥发分 V_{daf}、干燥基的灰分 A_d、收到基的固定碳 FC_{ar}、FC_{ad}。

第 14 章　制冷技术实验

14.1　制冷循环演示实验

制冷(热泵)循环演示装置可为制冷、空调及有关专业的制冷原理课程进行演示性实验。本装置采用玻璃作为换热器的壳体，因此，可以使学生清晰地观察到制冷工质的蒸发、冷凝过程，了解蒸汽压缩式制冷循环工质状态的变化及循环全过程的基本特征，经实验测定，还可以进行制冷循环的热力计算。

14.1.1　实验目的

(1)演示制冷(热泵)循环系统工作原理，观察制冷工质的蒸发、冷凝过程和现象。
(2)熟悉制冷(热泵)循环系统的操作、调节方法。
(3)进行制冷(热泵)循环系统初步的热力计算。

14.1.2　实验原理

制冷(热泵)循环系统的热力计算如下。

1. 系统进行制冷运行

如图 14-1 所示，换热器 1 为蒸发器，制冷量为

$$Q_1 = G_1 C_p (t_1 - t_2) + q_e \tag{14-1}$$

式中，G_1 为换热器 1 的水流量，kg/s；t_1、t_2 为换热器 1 内水的进、出口温度，℃；C_p 为水的比定压热容，$C_p = 4.868$kJ/kg；$q_e = a(t_0 - t_e) \times 10^{-3}$，由于换热器的热损失系数 $a = 0.1$W/℃，q_e 较小，可忽略。

压缩机轴功率 N 的计算公式为

$$N = \eta \frac{VA}{1000} \tag{14-2}$$

式中，η 为电机效率，$\eta = 98\%$；V 为电压，V；A 为电流，A。

因此，制冷系数为

$$\varepsilon_1 = \frac{Q_1}{N} \tag{14-3}$$

2. 系统进行热泵运行

换热器 1 的供热量为

$$Q_1' = G_1' C_p (t_2 - t_1) + q_e' \tag{14-4}$$

式中，q_e' 为换热器的热损失，可忽略。

供热系数为

$$\varepsilon' = \frac{Q_1'}{N} \tag{14-5}$$

14.1.3　实验装置

制冷(热泵)循环演示装置的原理示意图及制冷剂流向改变流程图如图 14-1 和图 14-2 所示。

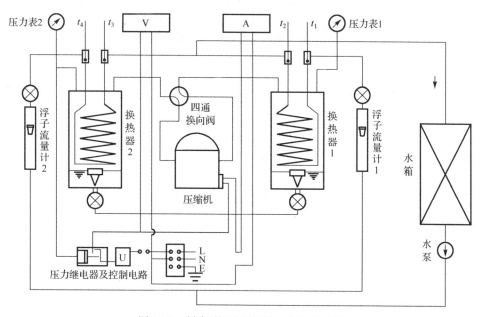

图 14-1　制冷(热泵)循环演示装置原理图

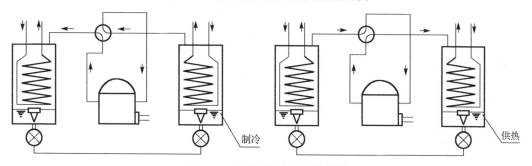

图 14-2　制冷剂流向改变流程图

制冷(热泵)循环演示装置由压缩机、换热器 1、换热器 2、浮子流量计、四通换向阀及管路组成制冷(热泵)循环系统，由浮子流量计及换热器内盘管等组成水系统，同时设有温度、压力、电流、电压等测量仪表，用于测量工质温度以及对系统实现控制。制冷工质采用低压工质 R11。

当系统进行制冷循环时，换热器 1 为蒸发器，换热器 2 为冷凝器；热泵循环时，换热器 1 为冷凝器，换热器 2 为蒸发器。

制冷(热泵)循环演示装置的实物图如图 14-3 所示。

图 14-3　制冷(热泵)循环演示装置实物图

14.1.4　实验方法与步骤

1. 实验前准备

(1)复习教材中有关制冷(热泵)循环方面的原理和公式。

(2)了解一些常用的制冷方法。

(3)了解常用的制冷剂的基本性质、命名规则以及制冷剂对环境的影响等方面的知识。

2. 实验步骤

1)制冷循环

(1)将四通换向阀调至"制冷"位置。

(2)打开连接装置的供水阀门，利用浮子流量计阀门适当调节蒸发器和冷凝器水流量。

(3)开启压缩机，观察工质的冷凝、蒸发过程及其现象。

(4)待系统运行稳定后，即可观察压缩机输入电流、电压，冷凝压力、蒸发压力，冷凝器和蒸发器的进、出口温度及水流量等参数。

2)热泵循环

(1)将四通换向阀调至"热泵"位置。

(2)类似上述步骤(2)～(4)进行操作和记录。

14.1.5　注意事项

(1)为确保安全，切忌冷凝器不通水或无人看管情况下长时间运行。

(2)实验结束后，首先关闭压缩机，过 1min 后再关闭供水阀门。

(3)控制工质压力不超过 0.2MPa。

14.1.6　问题讨论

(1)分析实验结果，指出影响各参数测定精度的因素。

(2)指出本系统运行参数的调节手段。

14.2　压缩机性能测定实验

制冷循环实验遵循热力学第一定律和热力学第二定律。在实验过程中消耗的机械能(由电能转换)转换成一定量的热能,并实现热量的转移,达到制冷的目的。

14.2.1　实验目的

(1)了解压缩机性能测定的原理及方法。
(2)了解蒸汽压缩式制冷的循环流程及各组成设备。
(3)测定蒸汽压缩式制冷循环的性能。
(4)理解与认识回热循环。
(5)比较单级蒸汽压缩制冷机在实际循环中有回热与无回热性能上的差异。
(6)熟悉实验装置的有关仪器、仪表,掌握其操作方法。

14.2.2　实验原理

1. 单级蒸汽压缩制冷机的理论循环

图 14-4 显示了压力-比焓图上单级蒸汽压缩制冷机的理论循环。压缩机吸入的是以点 1 表示的饱和蒸汽,1-2 表示制冷剂在压缩机中的等熵压缩过程;2-3 表示制冷剂在冷凝器中的等压放热过程,在冷却过程 2-2′ 中制冷剂与环境介质有温差,放出过热热量,在冷凝过程 2′-3′ 中制冷剂与环境介质无温差,放出比潜热,在冷却和冷凝过程中制冷剂的压力保持不变,且等于冷凝温度 T_k 下的饱和蒸汽压力 p_k;3′-3 是液态再冷却放出的热量;3-4 表示节流过程,制冷剂在节流过程中压力和温度都降低,且焓值保持不变,进入两相区;4-1 表示制冷剂在蒸发器中的蒸发过程,制冷剂在温度 T_0、饱和压力 p_0 保持不变的情况下蒸发,而被冷却物体或载冷剂的温度降低。

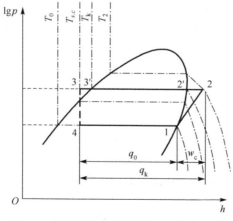

图 14-4　单级蒸汽压缩制冷机压力-比焓图

2. 有回热的单级蒸汽压缩制冷机的理论循环

为了使膨胀阀前液态制冷剂的温度降得更低(即增加再冷度),以便进一步减少节流损失,同时能保证压缩机吸入具有一定过热度的蒸汽,可以采用蒸汽回热循环。

图 14-5 为来自蒸发器的低温气态制冷剂 1,在进入压缩机前先经过一个热交换器——回热器。在回热器中低温蒸汽与来自冷凝器的饱和液体 3 进行热交换,低温蒸汽 1 定压过热到状态 1′,而温度较高的液体 3 被定压再冷却到状态 3′,回热循环 1′-2′-3-3′-4′-1-1′中,3-3′为液体的再冷却过程,过热后的蒸汽温度称为过热温度,过热温度与蒸发温度之差称为过热度。

根据稳定流动连续定理,流经回热器的液态制冷剂和气态制冷剂的质量流量相等。因此,在对外无热损失情况下,每千克液态制冷剂放出的热量应等于每千克气态制冷剂吸收的热量。也就是说,单位质量液态制冷剂再冷却所增加的制冷能力 Δq_0(面积 $b'4'4bb'$)等于单位质量气体制冷剂所吸收的热量 Δq(面积 $a11'a'a$)。由于有了回热器,虽然单位质量制冷能力有所增加,但是,压缩机的耗功量也增加了 Δw_0(面积 $11'2'21$)。因此,回热式蒸汽压缩制冷循环的理论制冷系数有可能提高,也有可能降低,应具体分析。

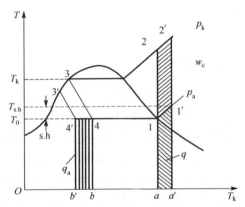

图 14-5　低温气态制冷剂经过换热器后的状态变化图

采用回热器的优点如下。

(1)对于一个给定的制冷量,制冷剂流量减少。

(2)在液体管路上汽化的可能性减小(特别是在管路较长的情况下)。

(3)在压缩机的吸气管道上,可减少吸入外界热量。

(4)在压缩机吸气口消除液滴,防止失压缩。

3. 单级压缩蒸汽制冷机的实际循环与简化后的实际循环

实际循环和理论循环有许多不同之处,除了压缩机中的工作过程,主要还有下列一些差别。

(1)热交换器中存在温差,即冷却水温度 T 低于冷凝温度 T_k,且 T 是变化的(进口温度低,出口温度高);载冷剂或冷却对象的温度 T_0 也是变化的(进口温度高,出口温度低)。

(2)制冷剂流经管道及阀门时同环境介质间有热量交换,尤其是自节流阀以后,制冷剂温度降低,热量便会从环境介质传给制冷剂,导致冷量损失。

制冷机的实际循环过程很难用手算法进行热力计算，因此在工程设计中常常对它进行一些简化。

图 14-6 为简化后的实际循环过程。

简化途径如下。

(1)忽略冷凝器及蒸发器中的微小压力变化，即以压缩机出口的压力为冷凝压力(在大型装置中，压缩机的排气管道较长，应从排气压力减去这一段管道压力损失后作为冷凝压力)，以压缩机进口压力作为蒸发压力(在大型装置中尚需加上吸气管道的压力损失)，同时认为冷凝温度和蒸发温度均为定值。

(2)将压缩机内部过程简化为一个从吸气压力到排气压力有损失的简单压缩过程。

(3)节流过程是等焓过程。

经过简化之后，即可直接利用 lg$p$-h 图进行循环性能指标的计算。

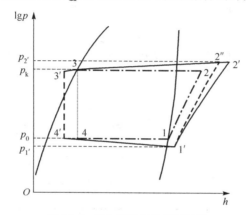

图 14-6　简化后的实际循环过程

1-2 为理论循环的等熵压缩过程；1′-2′ 为实际循环的压缩过程

4. 实际循环与理论循环的区别

实际循环区别于理论循环有如下五个方面。

(1)由于摩擦作用，在压缩机的排出口和膨胀阀进口之间及膨胀阀出口和压缩机吸入端之间将产生微小的压力降。

(2)压缩过程既不是等熵过程也不是绝热过程(压缩机通常有热量损失)。

(3)离开蒸发器的蒸汽通常过热(这使膨胀阀得以自动控制，同时改善了压缩机的性能)。

(4)离开冷凝器的液体一般略过冷(这提高了制冷系数 ε，且减小了通向膨胀阀管路上形成蒸汽的可能性)。

(5)循环在环境温度下运行时，可能有少量的无用热量从外界传入循环的各个部分。

电量热器法是间接测量压缩机制冷量的一种装置，它的基本原理是利用电加热器发出的热量来抵消压缩机的制冷量，从而达到平衡。电量热器是一个密闭容器，如图 14-7 所示。电量热器的顶部装有蒸发盘管，底部装有电加热器，浸没于一种容易挥发的第二制冷剂(常用 R11、R12)中。实验时，接通电加热器，加热第二制冷剂，使之蒸发，第二制冷剂饱和蒸汽在顶部蒸发盘管被冷凝，又重新回到底部。而蒸发盘管中的低压液态制冷剂被第二制冷剂蒸汽加热而汽化，返回制冷压缩机。实验仪在实验工况下达到稳定运行时，供给电加热器的电功率正好抵消制冷量，从而使第二制冷剂的压力保持不变。

为了控制第二制冷剂的液面，在电量热器的中间部位装有观测玻璃。

电量热器上装有压力控制器，它与电加热器的控制电路相连接，防止压缩机停机后电加热器继续加热，使电量热器内压力升高到危险程度。

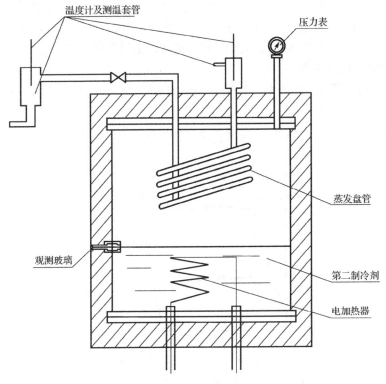

图 14-7　电量热器图

为了考虑周围环境温度对电量热器热损失的影响。实验之前，应仔细地标定电量热器的漏热量。标定方法为，先关闭电量热器进口阀门，调节第二制冷剂的电加热量，使第二制冷剂的压力所对应的饱和温度比环境温度高 15℃以上(当温差低于 15℃时，热损失可忽略不计)，并保持其压力不变，环境温度在 40℃以下时，保持其温度波动不超过±1℃，电加热器输入功率的波动不应超过 1%，每隔 10min 测量第二制冷剂压力及环境温度一次，直到连续四次相对应的饱和温度值的波动不超过±0.5℃。一般来说，实验持续的时间应不少于 30min。然后，按下列计算出电量热器的热损失系数 K_F(kW/℃)值：

$$K_F = \frac{Q_e}{t_b' - t_h'} \tag{14-6}$$

式中，Q_e 为标定漏热量时输入电量热器内的电功率，kW；t_b' 为标定漏热量时第二制冷剂压力所对应的平均饱和温度，℃；t_h' 为标定漏热量时周围环境平均温度，℃。

因此，电量热器在单位时间内的热损失为

$$Q = K_F(t_h - t_b) \tag{14-7}$$

式中，t_h 为实验时环境平均温度，℃；t_b 为实验时与第二制冷剂压力相对应的平均饱和温度，℃。

14.2.3　实验装置

制冷压缩机制冷量的测试有几种方法，其中采用具有第二制冷剂的电量热器法是最精确的方法之一。具有第二制冷剂的电量热器法实验台的原理见图 14-8。

整个实验装置由三部分组成：电量热器、制冷系统和水冷却系统。

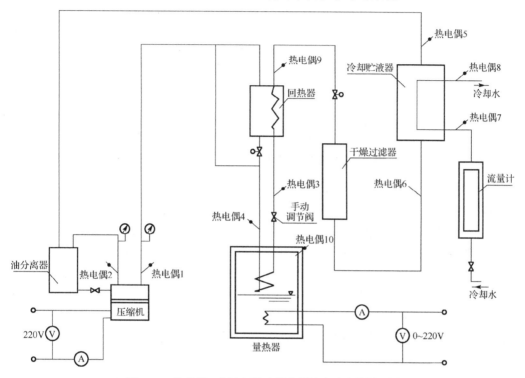

图 14-8　具有第二制冷剂的电量热器法实验台的原理图

14.2.4　实验方法与步骤

在进行实验前，需进行以下工作。

(1)实验前准备。

预习实验指导书，详细了解实验装置及各部分的作用，检查仪表的安装位置及熟悉各测试参数的作用；了解和掌握制冷系统的操作规程；熟悉制冷工况的调节方法。通过电量热器上的观测玻璃检查电量热器内第二制冷剂的液位，如果液位过低或观察不到，通过电量热器的压力表值判断是否有制冷剂，若没有制冷剂，千万不要打开电加热器，以免烧毁电加热器。

(2)实验分工。

实验小组由 5 人组成，设实验组长 1 名，进行分工，明确调节指令及信息反馈方式；在熟悉实验系统，明确实验内容和操作步骤以及注意事项，掌握实验设备和仪表的使用方法之后，依次逐步进行实验。

(3)启动制冷压缩机注意事项。

① 打开冷却水。

② 检查制冷系统各阀门是否正常。

③ 启动制冷压缩机，并检查手动调节阀是否开启。

④ 检查制冷系统各部件运转情况，观察排气压力、吸气压力及电量热器内压力的变化。实验共分为两种情况：有回热时和无回热时，具体实验步骤如下。

1. 无回热时

1) 调节回热器

回热器的作用是使膨胀阀前液态制冷剂的温度降得更低（即增大再冷度），以便进一步减少节流损失，同时保证压缩机，吸入具有一定过热度的蒸汽。

按系统流程图，调节阀门，将实验系统调成无回热状态。

2) 将电量热器投入运行

电加热器面板上绿色按钮按下时，可调电加热器接通，调节调压器可调节加热量，固定电加热器开关合上即接通固定电加热器。按下红色按钮，两个电加热器均断开。

实验前首先检查调压器是否在零位，若不在零位，应调在零位。接通电加热器电源，调节手动调节阀，由关闭逐渐开启，不要过快，应观察电量热器压力表的数值。

3) 调节稳定工况

先调节手动调节阀，使吸气压力、排气压力达到一定值后，通过调压器调节电加热器的加热量，观察电量热器压力表的数值变化。压力增加，说明加热量大，需减小加热量，减小调压器的数值；压力降低，说明加热量小，需增大加热量，加大调压器的数值。通过调压器的调节，压力表数值稳定不变。若可调电加热器的加热量不够，再投入固定电加热器。方法是先将可调电加热器调到零，然后打开固定电加热器，再慢慢加大可调电加热器。电量热器上的压力控制器在压力达到 1.4MPa 时自动断开电加热器电源。

4) 测定并记录数据

(1) 测定吸气压力、排气压力、电量热器内压力、吸气温度、排气温度、电量热器入口温度、入回热器气体温度、电量热器温度、室内环境温度。

(2) 测量电量热器的电功率。

(3) 测量压缩机输入功率。

(4) 每间隔 10min 读取一次数据，并以连续四次读数的算术平均值作为计算依据。

5) 制冷压缩机的制冷量计算

$$\phi_0 = (N + Q)\frac{i_1'' - i_3''}{i_4 - i_3} \cdot \frac{v_1}{v_1''} \tag{14-8}$$

式中，N 为供给电量热器的功率，kW；Q 为电量热器热损失，kW；i_1'' 为在压缩机规定吸气温度下、吸气压力下制冷剂蒸汽的焓值，kJ/kg；i_3'' 为在规定再冷温度下，节流阀前液体制冷剂的焓值，kJ/kg；i_4 为在实验条件下，离开蒸发器制冷剂蒸汽的焓值，kJ/kg；i_3 为在实验条件下，节流阀前液体制冷剂的焓值，kJ/kg；v_1 为压缩机实际吸气温度、吸气压力下制冷剂蒸汽的比容，m³/kg；v_1'' 为压缩机规定吸气温度、吸气压力下制冷剂蒸汽的比容，m³/kg。

6) 冷凝器的热负荷计算

$$Q_L = GC_p(t_8 - t_7)/3600 \tag{14-9}$$

式中，G 为冷却水流量，kg/h；C_p 为水的比定压热容，$C_p=4.1868$kJ/(kg·℃)；t_7 为冷凝器冷却水入口温度，℃；t_8 为冷凝器冷却水出口温度，℃。

7）压缩机的输入功率测定

$$N_{YS} = IU \tag{14-10}$$

式中，I 为输入电流，A；U 为输入电压，V。

8）性能系数 COP 的计算

此指标考虑到驱动电机效率对耗能的影响，以单位电动机输入功率的制冷量进行评价，该指标多用于全封闭制冷压缩机。计算公式如下：

$$COP = \frac{Q_0}{N_{YS}} \tag{14-11}$$

式中，Q_0 为制冷量，kW；N_{YS} 为压缩机输入功率，kW。

在实验时，要注意按照系统图调整阀门，使系统运行在有回热状态，稳定 2min。

2. 有回热时

重复以上步骤 1）～8），将数据记录在后面的表格中。实验结束，关机。

（1）关闭压缩机和电加热器。

（2）保持水系统运行大约 5min 后，断电。

14.2.5　实验数据处理

根据所得的实验数据计算出其算术平均值，计算过程整理到实验指导书上，绘出无回热理论循环的压力-比焓图（简称压焓图），再根据实验数据绘出无回热与有回热实际循环的压焓图，并查出相应状态的焓值及吸气比容，计算出各性能指标（参数），填入相应数据表中，并进行结果分析。

由于实验过程是实际循环，在无回热循环过程中，蒸发器出口及压缩机吸气状态点都不在饱和气线上，有过热；冷凝器出口不在饱和液线上，有过冷。冷凝器出口、蒸发器出口及压缩机吸气状态点一定要找准确。采用回热循环时，冷凝器出口状态点基本不变，但压缩机吸气状态点进一步过热。

数据记录表如表 14-1～表 14-6 所示。

1. 无回热时

表 14-1　制冷压缩机制冷量计算表

序号	I/A	U/V	$N=IU$/W	Q/kW	i_3''/(kJ/kg)	i_1''/(kJ/kg)	i_4/(kJ/kg)	i_3/(kJ/kg)	v_1/(m³/kg)	v_1''/(m³/kg)	Φ_0/kW
1											
2											
3											
4											
平均											

表 14-2　冷凝器的热负荷计算表

序号	$G/(\text{kg/h})$	$t_7/℃$	$t_8/℃$	Q_L/kW
1				
2				
3				
4				
平均				

表 14-3　压缩机的输入功率测定表

序号	I/A	U/V	N_{YS}/W
1			
2			
3			
4			
平均			

2. 有回热时

表 14-4　制冷压缩机制冷量计算表

序号	I/A	U/V	$N=IU/\text{W}$	Q/kW	$i_3''/(\text{kJ/kg})$	$i_1''/(\text{kJ/kg})$	$i_4/(\text{kJ/kg})$	$i_3/(\text{kJ/kg})$	$v_1/(\text{m}^3/\text{kg})$	$v_1''/(\text{m}^3/\text{kg})$	Φ_0/kW
1											
2											
3											
4											
平均											

表 14-5　冷凝器的热负荷计算表

序号	$G/(\text{kg/h})$	$t_7/℃$	$t_8/℃$	Q_L/kW
1				
2				
3				
4				
平均				

表 14-6　压缩机的输入功率测定表

序号	I/A	U/V	N_{YS}/W
1			
2			
3			
4			
平均			

14.2.6　问题讨论

（1）为什么压差计的水柱差就是沿程水头损失？

（2）如果实验管道安装得不水平，是否影响实验？

附：为了便于比较不同活塞式制冷压缩机的工作性能，我国规定了 4 个温度工况，其中标准工况和空调工况可用来比较压缩机的制冷能力，最大工况和最大压差工况则为设计和考核压缩机的机械强度、耐磨寿命、阀片的合理性和配用电机的最大功率的指标。

表 14-7　活塞式制冷压缩机的温度工况　　　　　　　（单位：℃）

工况	蒸汽温度	吸气温度	冷凝温度	再冷温度
标准工况	−15	15	30	25
空调工况	5	15	40	35
最大功率工况	10	15	50	50
最大压差工况	−30	±0	50	50

表 14-8　饱和氟利昂 12 蒸汽表

温度 $T/℃$	绝对压力 P/bar	比容/(L/kg) v'	v''	比焓/(kJ/kg) h'	h''	比潜热 /(kJ/kg)	比熵/(kJ/(kg·K)) S'	S''
−55	0.300	0.641	492.11	150.70	326.91	176.21	0.7995	1.6072
−50	0.392	0.647	384.11	155.06	329.30	174.24	0.8192	1.6000
−45	0.505	0.653	303.59	159.45	331.69	172.24	0.8386	1.5936
−40	0.642	0.659	242.72	163.85	334.07	170.22	0.8576	1.5877
−35	0.807	0.665	196.12	168.27	336.44	168.17	0.8764	1.5825
−30	1.005	0.672	160.01	172.72	338.80	166.08	0.8948	1.5779
−25	1.237	0.678	131.73	177.20	341.15	163.95	0.9130	1.5737
−20	1.510	0.685	109.34	181.70	343.48	161.78	0.9309	1.5699
−15	1.827	0.693	91.45	186.23	345.78	159.55	0.9485	1.5666
−10	2.193	0.700	77.03	190.78	348.06	157.28	0.9659	1.5636
−9	2.772	0.702	74.49	191.71	348.52	156.81	0.9693	1.5630
−8	2.354	0.703	72.05	192.62	348.97	156.35	0.9728	1.5625
−7	2.437	0.705	69.70	193.54	349.42	155.88	0.9762	1.5619
−6	2.523	0.706	67.46	194.46	349.87	155.41	0.9796	1.5614
−5	2.612	0.708	65.29	195.38	350.32	154.94	0.9830	1.5609
−4	2.702	0.710	63.22	196.30	350.76	154.46	0.9865	1.5604
−3	2.795	0.711	61.22	197.22	351.21	153.99	0.9899	1.5599
−2	2.891	0.713	59.30	198.15	351.65	153.50	0.9932	1.5594
−1	2.898	0.715	57.45	199.07	352.09	153.02	0.9966	1.5589
0	3.089	0.716	55.68	200.00	352.54	152.54	1.0000	1.5584
1	3.192	0.718	53.97	200.92	352.97	152.05	1.0034	1.5580
2	3.297	0.720	52.32	201.86	353.41	151.55	1.0067	1.5575
3	3.405	0.721	50.74	202.79	353.85	151.06	1.0101	1.5571
4	3.516	0.723	49.74	203.72	354.28	150.56	1.0134	1.5567
5	3.629	0.725	49.21	204.66	354.72	150.06	1.0168	1.5563
6	3.745	0.727	46.32	205.59	355.15	149.56	1.0201	1.5559

温度	绝对压力	比容/(L/kg)		比焓/(kJ/kg)		比潜热	比熵/(kJ/(kg·K))	
T/℃	P/bar	v′	v″	h′	h″	/(kJ/kg)	S′	S″
7	3.865	0.728	44.95	206.53	355.58	149.05	1.0234	1.5555
8	3.986	0.730	43.63	207.47	356.01	148.54	1.0267	1.5551
9	4.111	0.732	42.36	208.42	356.44	148.02	1.0300	1.5547
10	4.238	0.734	41.13	209.35	356.86	147.51	1.0333	1.5543
12	4.502	0.738	38.80	211.25	357.71	146.46	1.0399	1.5536
14	4.778	0.741	36.63	213.14	358.54	145.40	1.0465	1.5529
16	5.067	0.745	34.81	215.05	359.37	144.32	1.0530	1.5522
18	5.368	0.749	32.71	216.97	360.20	143.23	1.0595	1.5515
20	5.682	0.753	30.94	218.88	361.01	142.13	1.0660	1.5509
22	6.011	0.757	29.29	220.81	361.81	141.00	1.0725	1.5502
24	6.352	0.762	27.73	222.75	362.61	139.86	1.0790	1.5496
26	6.709	0.766	26.28	224.69	363.39	138.70	1.0854	1.5491
28	7.080	0.770	24.91	226.65	364.17	137.52	1.0918	1.5485
30	7.465	0.775	23.63	228.62	364.94	136.32	1.0982	1.5479
32	7.867	0.779	22.42	230.59	365.69	135.10	1.1046	1.5474
34	8.284	0.784	21.29	232.59	366.44	133.85	1.1110	1.5468
36	8.717	0.789	20.22	234.59	367.17	132.58	1.1174	1.5463
38	9.167	0.794	19.21	236.60	367.80	131.29	1.1238	1.5457
40	9.634	0.799	18.26	238.62	368.60	129.98	1.1301	1.5452
42	10.118	0.804	17.36	240.68	369.29	128.63	1.1365	1.5447
44	10.620	0.810	16.52	242.71	369.97	127.26	1.1429	1.5441
46	11.140	0.815	15.72	244.78	370.64	125.86	1.1492	1.5436
48	11.679	0.821	14.96	246.86	371.29	124.43	1.1556	1.5431
50	12.236	0.827	14.24	248.96	371.92	122.96	1.1620	1.5425

参 考 文 献

陈友明, 2015. 建筑环境测试技术[M]. 北京: 机械工业出版社

董惠, 邹高万, 霍岩, 2007. 建筑环境测试技术[M]. 2版. 哈尔滨: 哈尔滨工程大学出版社

方修睦, 2016. 建筑环境测试技术[M]. 3版. 北京: 中国建筑工业出版社

房云阁, 2007. 室内空气质量检测实用技术[M]. 北京: 中国计量出版社

付海明, 张吉光, 2007. 实验技术[M]. 北京: 中国建筑工业出版社

李峰, 姬长发, 2008. 建筑环境与设备工程实验及测试技术[M]. 北京: 机械工业出版社

刘辛国, 2016. 制冷空调技术及控制原理 [M]. 北京: 中国电力出版社

刘艳华, 杨春英, 2010. 锅炉及锅炉房设备[M]. 北京: 化学工业出版社

刘艳萍, 闫文文, 2016. 热工测量仪表及应用技术[M]. 3版. 北京: 石油工业出版社

刘耀浩, 2005. 建筑环境与设备测试技术[M]. 天津: 天津大学出版社

宋广生, 2002. 室内环境质量评价及检测手册[M]. 北京: 机械工业出版社

王炳强, 2005. 室内环境检测技术[M]. 北京: 化学工业出版社

张华, 赵文柱, 2013. 热工测量仪表[M]. 2版. 北京: 冶金工业出版社

朱小良, 方可人, 2012. 热工测量及仪表[M]. 3版. 北京: 中国电力出版社